聪明人是
如何思考的

邓琼芳◎编著

云南出版集团

云南美术出版社

图书在版编目（CIP）数据

聪明人是如何思考的 / 邓琼芳编著 . -- 昆明：云南美术出版社，2020.12

ISBN 978-7-5489-4336-5

Ⅰ . ①聪… Ⅱ . ①邓… Ⅲ . ①思维方法－通俗读物 Ⅳ . ① B804-49

中国版本图书馆 CIP 数据核字 (2021) 第 008664 号

出 版 人：李　维　　刘大伟

责任编辑：汤　彦　　王飞虎

责任校对：钱　怡　　李　艳

聪明人是如何思考的

邓琼芳 编著

出版发行：云南出版集团
　　　　　云南美术出版社

社　　址：昆明市环城西路 609 号（电话：0871-64193399）

印　　刷：永清县晔盛亚胶印有限公司

开　　本：880mm×1230mm　1/32

印　　张：7

版　　次：2020 年 12 月第 1 版

印　　次：2021 年 3 月第 1 次印刷

书　　号：ISBN 978-7-5489-4336-5

定　　价：38.00 元

前　言

聪明人与其他人有什么不同？

或许有人会说："聪明人不过是比我们头脑好、智商高罢了。"这话虽然有一定道理，但还是有些片面了。聪明与否，不在于一个人的智商是否高、大脑运转得是否快。真正的聪明人，不仅拥有高智商，而且还有与众不同的思维。

就像美国幽默家哈伯德说："思维是无形的，但是为了创造出有形的，具有时代气息的东西，就有必要将思想表达出来。"我们每个人都会思考，思考方式也不尽相同，但是只有有价值的思考才是迈向成功的关键，才是促使聪明人与其他人不同的关键。

因为思考方式不同，聪明人的眼光、眼界、心态都具有特殊性，这也导致他们的行动、行动结果的不同。当其他人整天为了生计而四处奔波，忙得焦头烂额，聪明人早就思考如何制定计划、如何校正目标；当其他人守着自己的旧东西、旧思想，执迷不悟，聪明人早就作出改变，超越自己；当其他人犹豫不决，畏首畏尾，聪明人早就大胆尝试，抢先一步；当其他人斤斤计较，为金钱、失败所累，聪明人早就宽慰自己，微笑面对……

说到这里，你还觉得你与聪明人的差距只是智商的高低吗？

认识到这一点，你就应该尝试着向聪明人学习，学习他们是如何思考的。就像乔丹·贝尔福特所说的："如果你想要变得富有，就得拥有富人的大脑。你得去除所有让你贫穷的想法，用富人的想法替代它们。赚钱其实很容易，它并不难。"

当你像聪明人一样思考时，你的思维、心态、行动就会发生巨大变化，同时促进你的生活和人生发生巨大改变。那么，你将具体如何去做呢？

这个问题本书将告诉你。本书讲述了聪明人的思维与其他人到底有什么不同，他们是如何看待努力、如何看待目标、如何看待金钱、如何看待自己、如何面对风险、如何对待成败……同时，本书列举了很多成功人士的事例，包括乔布斯、马云、牛根生、唐骏等，还包括我们身边的众多成功者，探究了聪明人和普通人思维方式的不同，总结了寻求成功过程中的成功秘诀、失败缘由、经验教训等等。

希望读者们能在阅读本书之后，学习聪明人与众不同的思考方式，扩展自己的思维，从而走上成功之路。

目　录

1

第三章　做一次彻底"洗脑"，将梗阻物清除掉

第四章　你的观念，将决定你活成什么样子

第五章　分清价格与价值，拔高你的人生层次

第六章　运用心算能力，搞定竞争中博弈

第七章　思别人所未思，行别人所未行，才成精英

第八章　与危机精准对话，找出真正的风口在哪

第九章　领悟前车之鉴，别让灾难重现

第一章
不走脑的努力，
纯粹是白费力气

聪明人成功的原因，绝大部分在于善于动脑，行动前先思考自己为什么努力、如何努力、向哪个方向努力。因为他们知道，不走脑的努力，就等于白费力气；盲目之下的努力，根本没有任何价值。

没有思考计划，就是一团乱麻

生活没有计划，就会变得杂乱无章，一团糟。工作没有计划，就会手忙脚乱，效率低下。同样的道理，在追求成功的道路上，若是没有明确的计划，就像大海中航行船只一样，不是迷失方向，就是万劫不复。

生活的有序来自管理、安排和执行，成功的获得同样来自目标和合理的规划。目标就是你前进的方向，计划就是你行动的指导，它们带领着你一步步迈向财富的顶峰。所以，想要追求成功，我们不能只知道努力和拼搏，而是应该多动脑，认真地规划自己的财富目标，然后朝着这个目标努力奔跑。

顾青，这是一个众人知晓的名字，他创立的公司把武汉鸭脖推向全国，让这一地道的武汉小吃成为全中国人热衷的食物之一。而该公司的迅速走红并不是偶然，而是顾青用心思考，合理规划的结果。

顾青的骨子里有着温州人的敢想敢做，2000年，顾青考取了上海财大——韦伯斯特大学，成为MBA课程的学员。在学习的过程中，他开始思考未来的道路，思考如何为创业做准备。

深思熟虑之后，他把目光放在武汉的鸭脖上，这种地

道的武汉小吃在当地风靡已久，无论男女老少都喜欢得不得了。据说最初的灵感源于一份古代的神秘配方，人们只要闻到香喷喷的鸭脖味就馋的直流口水，只要吃过一次就很难忘怀。但是，武汉鸭脖子的销售一般都很集中，局限于武汉本地，私人作坊也绝大部分集中在汉口一条叫作精武路的小巷子里。

顾青不禁想：既然武汉鸭脖有这么强的诱惑力，让人们一旦吃过就会再想吃，好像上瘾的感觉。为什么不让它走出武汉，把它做大、做成品牌，让更多人来品尝分享呢？想到做到，顾青开始分析市场、研究品牌效应，做好了资金和人员的统筹，更给公司做好了长远的规划——创建品牌——改进技术——走出武汉——走向全国——做最好的品牌。

之后，顾青开始了实质性的运营阶段，在上海建立了鸭脖品牌。在创业初期，条件非常艰苦，顾青每天都非常忙碌，几乎没有什么睡觉的时间，时常工作到半夜才能回家。可是有了明确的目标和合理的规划，顾青坚持了过来，终于把最困难的阶段挺了过去。一年之后，纷纷在北京、广州、深圳、杭州、成都、哈尔滨等地纷纷成立了分公司。

顾青知道，品牌想要做大做强，质量和品质必须是第一位的。尤其是做食品企业，在卫生、质量方面更不能马虎。所以，在创业初期公司的厂房就完全是按大企业的规划标准进行设计，而且采用当时非常先进的生产技术，尽量把质量做到最好。

生产鸭脖过程中的所有工具和器械都要进行严格的消毒，以此来保证鸭脖不会出现任何卫生问题。不仅工具器械如此，公司中的每名员工都要进行正规的健康体检和培训之后才能上岗。而且要勤洗手，洗脸，工作的时候要穿工作靴，穿无菌连体式工作服，还要戴上口罩，在进入生产车间之前，要先经过消毒，然后才能投入工作。

正是因为顾青为企业做好了长期的发展规划，所以公司才能一步步步入正轨，并且快速地发展壮大。试想顾青没有规划好企业发展蓝图，只是凭借一股热情和拼劲创业，结果会怎样？或许他会成功，赚取属于自己的财富，但是他根本不可能取得如此成就。

古人说："凡事预则立，不预则废。"不管什么时候，成功都喜欢青睐有头脑、有规划的人，喜欢积极主动、有条不紊的人。若是你做事没计划、没目标，都只能是浪费时间和精力，最后只能走向失败。毫无计划，财富会与你擦肩而过，生活会变得一团乱麻，事业则一塌糊涂。不妨观察我们身边的人，很多人充满了激情，每天都不顾一切地向前冲，但是因为做事没有计划，结果却没有任何收获。

所以，不要做有勇无谋的莽撞人，事先做好规划，为自己绘制美好的未来蓝图，然后有的放矢地去做。相信，努力之后的结果将出乎你的想象。

苦干只能改善生活，视野才能改变命运

自古以来，人们都知道，勤劳能够致富，苦干能改善生活。但想要改变命运，只要勤劳和苦干是远远不够的。埋头苦干能改变的只是生活，真正决定你命运的，则是你的视野。

视野确实决定了人们的命运。人之所以对某个东西产生向往，必然是建立在对这一东西有一定了解的前提下，因为了解，知道它好，才会产生想要获得的想法。如果你甚至不知道世界上存在这一种东西，或者说你对它根本一无所知，那么你又怎么会萌生出想要获得的想法呢？

看过这个故事之后，你就能够明白其中的道理：

一位青年教师去山区支教时，曾问他的二十几名学生，他们最大的人生理想是什么。当时，一个女孩子回答说："她的理想就是成为村里的会计。"一个男孩子则回答说："他的理想就是能让家里的地种出全村最多的粮食。"

对于孩子们来说，我们生活在小山村，视野所在就是这个小山村，根本不了解外面的世界是什么样。所以他们最大的理想也只是做村里的会计，种出村里最多的粮食——他们所有的想法都只局限在这小小的山村。

后来，这位青年教师为孩子们连接了互联网，让孩子们通过网络看到了外面繁华的世界，知道这个世界有多大、多精彩。结果，孩子们的理想发生了变化：女孩想要下山，去城里的大公司做一名会计；而男孩则想要成为村长，带领村民们一起修一条路，一条通向山下，通向繁华城市的公路。因为只要这样，他们才能把农作物卖到城里，把城里的好东西运回村里。

为什么孩子们的理想发生变化？很简单，他们的视野发生了变化，看到了之前没有看到的东西，所以他们想要冲破小山村，与繁华大城市接轨。

曾经有人说，平庸者和卓越者最大的差距就是视野和思维上的差距。这一点都没错，平庸者只看到自己的脚下和眼前，而卓越者看到的不是自己的脚下和眼前，而是更广阔的空间和遥远的未来。

视野的广度决定了命运的高度，想要改变命运、成就更大的事业，我们就应该扩展自己的视野。当你比别人看得更远的时候，自然能看到别人看不到的机会，从而获得别人无法获得的成功。当你比别人有更广阔的事业，自然能走出自己的小天地，树立更远大的目标，成就更大的事业。

以前，进入国企对人们来说就意味着抱上了铁饭碗，一辈子吃穿不愁。轻松的工作，优厚的待遇，让大部分顺利进入国企的人逐渐沉沦在安逸之中，除了埋头工作以外，几乎对外界信息一无所知。

但是随着改革开放的进程，让人们的视野变得更开阔，看到了更广阔的空间和更精彩的世界，所以有些人不甘于安逸，而是把目光投向更高更远的地方。他们选择勇敢"下海"，与风浪搏

击，在时代的浪潮中"淘金"。他们可能是中国最先下海经商的人，也可能成为最早进入股市的人，也可能是最早投入房地产的人，也可能是最早进入互联网行业的人……但无论如何，这部分人很显然就是最可能成为社会顶层那10%的人群！

马云就曾经提醒年轻人说：

"每年，制造业都会吸纳很大一部分毕业生，在这些职场新人庆幸找到工作，对未来充满憧憬的时候，他们的前辈——已在制造业内打拼了几年的师兄师姐们——却怀着深深的忧虑，他们不知道未来会怎样？他们不知道何时会被抛弃？……

来到城市的学生对未来最大的期望是能走出父辈贫苦生活的轮回，让自己进入更高一个阶层，为下一辈创造一个更好的起点。但当你已年入不惑，自身可以贩卖的价值已所剩无几，而城市却不再需要你的时候，你难过落魄地回到老家，让你的儿女从你二三十年前的起点重新出发，再画着一个和你一样的圆？你无力改变自己的命运，难道你能保证你的下一代能顺利地考上大学并改变命运？……

城市很大，外面的世界也很精彩，在这个只许进很难出的围城里，你是否有了足够的储备以避免属于你的精彩落幕呢？如果仍然不开阔视野，寻求改变，你的未来在哪里？"

所以说，眼睛所到之处，是成功到达的地方，眼光有多远，世界就有多大。世界总是处于不断的变化之中，唯有拥有宽广视野的人，才可能具备对未来发展趋势的前瞻性。埋头苦干的精神固然可贵，但是"遮住眼睛"苦干的勤劳，却永远不可能改变你的命运。

只有开阔视野，让自己站得更高、看得更远，你才可能改变自己的命运！

穷忙族，为什么越忙越没出路

很多人喜欢说一句话："我们很努力了，可机会并不青睐我！这个世界实在太不公平了！"

或许这是绝大部分人的心声吧！在这个社会上，事业不得志的人远远比事业成功的人多得多。可为什么同在一个起跑线，有的人事业顺风顺水，有的人却郁郁不得志？

来看看林一的故事，你就知道了其中原因。

林一大学毕业之后进入一家房地产公司，相对比其他同学来说，他是幸运的，因为这家公司非常不错，很少有应届毕生能顺利被录取。林一开心得不得了，摩拳擦掌，准备干出一番事业，实现自己的理想和抱负。

然而，三年过去了，林一的事业没有任何发展，仍是一名普通的员工。就连比他入职晚的员工都已经升职为业务主管，可林一仍在原地踏步，升职加薪和他无缘，培训进修没有他的份。因为没有升职加薪，虽然已经工作三年，可他却一分钱积蓄都没有，平时赚的钱也仅够生活开销，有时候有

个头疼脑热也根本不敢去医院。

　　林一不努力吗？当然不是，他也非常努力地工作，每天都早出晚归，时常加班到深夜。用他自己的话来说就是"整天忙得像狗一样，几乎连喘息的机会都没有"。林一不知道为什么会这样，为什么自己已经拼命努力了，却得不到任何回报。他感觉自己根本看不到未来，不知道自己每天到底都在忙什么，也不知道这份工作究竟有什么意义。

　　林一的问题出在哪里？为什么"付出"与回报根本不成正比？

　　其实，问题的根源还是在林一自己身上。虽然他每天都非常忙碌，可却是"穷忙"。什么是"穷忙"？非常简单，就是指每天工作很忙碌，可薪水却不多，始终无法摆脱贫困。这是近年来新出现的一个词语，来自英文单词"working poor"。

　　事实上，像林一这样穷忙的人很多很多，他们每天忙得几乎没有时间休闲娱乐，但却始终也赚不到钱。他们忙忙碌碌，却不知道自己每天到底都在忙些什么。而导致这一结果的原因是因为他们没有明确的目标，没有清晰的职业规划，只是盲目地去忙。

　　还有一些人，他们之所以沦为"穷忙族"，并非因为他们缺少才干，而是因为他们把自己放到了一个错误的位置上，以至于把大好时光都浪费在各种无谓的事情上。比如，他们上班的第一件事就是把所有需要做的事情都拿出来，不考虑事情的轻重缓急，想到什么做什么，看到哪个文件处理哪个文件，以至于把时间都花费在琐碎的事情上，却忘记了做最重要的事情。

　　其实，忙本身并没有什么错，忙说明你有事情做，你在努力奋斗。但很多人错就错在忙得盲目，忙得无效，最终才导致忙而无果。天长日久，忙来忙去，连自己也都不知道自己究竟在干什么了。"穷忙"一族就是这么沦陷的。

如果你还不服气，不妨问自己几个问题：我是否有明确的目标，是否给自己做好了职业规划？我的忙碌，使工作达到高效了吗？我是否有计划，这计划是否完成了？我是否利用好了每一分钟？在忙碌的过程中，我提升了自己吗？

如果答案是肯定的，你才忙到了点上，你的努力才没有白费。所以，想要改变现状，你就应该明确目标，做好计划，知道自己为什么努力，知道如何努力才能更有成效。做到这一点才能从"穷忙"变为真正的忙碌，才能做出真正的成绩，从而改变生活。

努力之前，请对自己有个正确认知

这个世界是公平的，不会给任何一个人"特殊"照顾。但是那些足够了解自己的人，明白自己实力的人，总是比其他人更容易获得财富和成功。因为认识自己之后，他们能发挥自己的优势，规避自己的劣势。他们能够给自己一个准确的地位，然后付出最大的努力，创造财富。

事实上，那些事业成功的人并不比别人幸运多少，而是因为他们让自己真正喜欢自己的工作，因为清楚自己喜欢，并为此全力以赴，然后找到自己的不足，再找到可借助的外力，以谋取最

大的成功。新东方的创始人俞敏洪便是这样的人。

当年，俞敏洪多次高考不中，却凭着毅力终于考上北京大学西语系，求学路上坎坷不断生病休学，终于毕业并留校任教。之后，俞敏洪下海经商，由于他知道自己的优势和劣势，所以选择了最热爱并最擅长的英语，创办了一所英语培训学校。对此，俞敏洪说："我最初只是为了糊口，觉得自己的英语能力还行，希望通过所学招几个学生，办个小小的补习班而已。"

现在新东方已是目前中国最大的私立教育服务机构，在全国有41所短期语言培训学校，5家产业机构，很多个学习中心以及书店等等，累积培训学员高达1000万人次。之后，新东方在美国上市，俞敏洪成为最富有的老师，成为教育培训领域的领头羊。

而对于成功的秘诀，俞敏洪则直言不讳，他说："我最成功的决策，就是把比他有出息的海外朋友请了回来，让他们去弥补自己的不足，共同致富。"因为他清楚自己的能力，将英语学以致用，所以创业得以成功；因为他对自己有正确的认识，所以在发挥自己的最大潜力的同时，积极借助外部的力量弥补自己的不足。

试想，若是俞敏洪不自知，不能发挥自己的优势，那么新东方就可能不复存在。若是俞敏洪意识不到自己的不足，只凭着自己的努力横冲直撞，那么新东方或许无法这么迅速地发展壮大。或许它依旧是当年的小小培训班，或许因为能力或者管理等多种因素而夭折。

所以，想要获得成功，那么在努力之前，首先认清楚究竟自己有什么能力，可以做到某种程度。比如找到一份工作，只有你自己知道是否适合自己，也只有通过实践之后才会了解你究竟喜欢不喜欢。创业也是一样，如果不了解自己是否有能力胜任时，就花时间去实践证明。致富也是一个道理，如果你根本不了解自己，再多的实践也是枉然。只有认清自己的实力之后，才能做出理性的判断。

如果你不能正确认识自我，你就会失去更多获取财富的机会。因为你一个人不可能什么都会，只有清楚自己的能力，有什么是自己的长处和优势，有什么是自己的不足，然后才能扬长避短，才能在追求财富的道路上，获得更大的激情和动力。

同时，只有正确认识自己，我们才能努力做最好的自己，坦然地面对生活的不公、挫折和困苦，用豁达的心去面对生活的不如意时，然后积极地用行动改变自己，进而改变命运。

一个人最了解的就是自己，最不了解的也是自己。努力之前，对自己有个正确的认识，然后发挥自己的优势，规避自己的劣势，同时不断提升自己的价值，如此人生自然会绽放出不一样的光彩。

选择对与错，决定你的努力是否有成果

记得有人说过这样一段话："人生会遇到无数个十字路

口，每一个十字路口都是一次选择，你有三个选择，不论是左、右、中，只要是你的选择，任何一个方向错了，你就再也回不来了。"

这告诉我们，很多时候选择是异常重要的。在人生的道路上，我们需要面对很多选择，不论是童年喜欢的玩具，还是小学就读的校园，或者长大后自己选择的恋人以及走入社会以后所选择的工作。但是，并不是所有的选择都能有好结果，只要你选择对了，并为之努力，才能获得好结果。

在人生的岔路口，一旦选择错方向，你就会离目标越来越远；在追求成功和财富的过程中，一旦选择错方向，成功和财富梦就不可能实现。所以，比尔·盖茨说："我宁愿在正确的道路上跌跌撞撞，也不愿在错误的道路上奔跑如飞。"

选择对与错，决定你的努力是否有成效，决定你是否能到达目的地，否则即便再拼命奔跑也是没有用的。

事实上，凡是聪明的人，都会在行动前考虑好一系列问题：我自己想要什么？我想到哪个地方去？我是否选择了正确的道路？这条道理是否能让我发挥最好的优势？等等。在思考好这些问题后，他们会慎重选择自己的道路，并且在正确的道路上拼命地奔跑。所以，他们能越跑越远。

高建华是惠普的中国区总裁助理，他曾是苹果公司的职员。但是他却放弃了苹果的高薪工作，来到惠普来工作，工资被减少一半。是他不够努力吗？并不是。当时也有很多人都非常质疑他的选择，在苹果当中国的市场总监这么风光的职位，为什么会想着放弃呢？

高建华说："是因为惠普给我的职位足够吸引我。虽然我做苹果中国的市场总监，也非常不错，但我希望能找到一个来弥补我对产品创新这一过程不足的职位，因为只有这样全盘去学会了，加以努力能提高我的核心竞争力。这为我后来再回到惠普打下了坚实的基础。"

也有人问高建华，在他的职业生涯中什么事情才是最重要的呢？高建华的回答是："我想应该是，选择一个好上司。因为只有一个好的上司，他才会尽全力栽培你，给你锻炼、成长的机会，这是你再努力也不可能换来的。"

很多人认为只要努力就一定会有所收获，殊不知如果方向选择错了，即使再努力也是徒然。甚至你付出的努力越多，距离原本的目标就越遥远。我们要清楚哪个方向是值得我们去选择的，不要盲目地只学会了努力。

说到这，想起美国一位著名的跳水运动员，他的名字叫作洛尼加斯。他从小就是一个爱害羞的男孩，由于有点口吃，所以阅读方面比其他人差很多。正因为如此，他时常遭到同学的嘲笑和作弄，还被嘲笑为学习最差的学生。其实，他并不算笨，只是缺少语言天赋。

这并没有让他失去信心，他心中想：虽然我学习上比较差，可或许其他方面更好呢？经过一段时间思考，他发现自己在运动方面很有天赋。于是，他开始加强运动方面的锻炼，舞蹈、体操、跳水等等都是他喜欢的项目，果然经过长时间的训练，他开始在各种体育比赛中崭露头角，赢得了很

多荣誉和奖项。而这也让同学们对他刮目相看，不再嘲笑和看不起他。

可是，不管是舞蹈、体操还是跳水，这些体育项目都需要大量艰苦的训练才能出好的成绩，所以上了中学之后，他开始感觉自己有些力不从心。更关键的是，虽然他在这些项目中都取得了比较好的成绩，但距离优秀还有很大的距离，更别想在重大比赛中获胜。他想，自己必须做出一个取舍，选择更适合自己的项目继续训练下去。

之后，在前奥运会跳水冠军乔恩的指点下，他认识到自己在跳水方面更有天赋，便开始继续接受跳水训练，并把全部精力和时间都用在训练上。显然，他做出了正确的选择，经过更加艰苦和专业的训练，他取得了非常优秀的成绩。16岁，他就被选入国家队，代表美国参加奥运会；到了28岁的时候，他已经获得了6个世界冠军、3枚奥运会奖牌、3个世界杯奖牌。1987年，因为在跳水方面取得了卓著成就，他被评选为世界最佳运动员，并获得了欧文斯奖。对于一个运动员来说，这可以说是最高的荣誉。

因为他选择了正确的道路，所以才凭借自己的努力达到了一个运动员的顶峰。试想，若是洛尼加斯没有选择从事体育训练，那么恐怕付出更多的努力，也不过是普普通通的人；若是他没有选择自己最有天赋的跳水，或许终其一生也不过是成绩平常的三级运动员。

最能决定你未来的，并不是你的努力，而是你一开始的选择。所以，想要获得成功和财富，那就擦亮你的眼睛，认准方向再努力奋斗。若是在这个过程中发现自己选择错了，不要做无谓的努力，及时改变方向，然后再努力往前冲刺，相信你终究会迎来成功。

聪明的"懒惰"，才是你所需要的

有人说，世界上有两种懒惰，一种懒必须聪明勤奋才能获得，才能欣赏；一种懒与勤奋无关，身上充满了惰性。这两者有着本质的区别，前者看起来懒惰，其实是懂得聪明办事的高手，而后者则天性懒惰，不愿意行动和努力。

前者我们叫他们聪明的"懒人"，这些人有的是思考者，有的是管理时间的高手。所以他们从表面上看起来懒惰，却懂得适度地利用有限的精力获得最大的成功。正如商界大亨亨利·杜哈蒂说的一样："我只做一件事，思考和安排工作的轻重缓急，其余的完全可以雇人来做。"

聪明的"懒人"习惯思考，思考如何能用最短时间、最小的力气做更多的事情。他们不是胡乱地瞎忙，即便有时看起来有些懒惰，但那也是为了多花时间在创造力的思考上。他们总是能扩展自己的思路，用不同的角度看待问题，虽然看起来浪费时间，可由于找到更适当的方式方法，创造出更大的价值。

然而，另一些人却不一样了，他们很少动脑思考，或是懒得思考，做什么事情都不愿意想太多。不管做什么事情，都是一根筋地走下去，结果思路变得越来越窄，想法越来越少，最终走进

了思维的死胡同。如此一来，付出了很多努力，却只能收获小成就，甚至沦为疲于奔命的失败者。

　　两只蚂蚁外出寻找食物，途中遇到了一段矮墙。一只蚂蚁来到墙角，毫不犹豫地向上爬，可是这段矮墙对于它来说实在是太高大了，就好像珠穆朗玛峰一样高不可攀。它爬了一段距离，就由于疲惫不堪而跌落下来。它并不气馁，尽管一次次从矮墙上跌落下来，却又再次重整旗鼓，开上向上攀爬。

　　再来看看另一只蚂蚁，它就比较懒了。当第一只蚂蚁努力地向上爬的时候，它只是在墙角下闲逛，好像在观察些什么，又好像在寻找些什么。过了一段时间后，它发现这段矮墙其实并没有多长，绕过去远远比翻过去要容易很多、省劲很多。于是，在第一只蚂蚁一次次跌落的时候，它已经绕过矮墙来到了食物面前。

　　我们不得不承认第一只蚂蚁很勤奋和努力，可因为不懂思考和变通以至于全部的努力都白费了。第二只蚂蚁是聪明的懒惰者，行动前勘察路线、寻找出路，结果不仅节省了时间和力气，更比第一只蚂蚁先找到食物。

　　所以说，先思考再行动，并不等于拖延和退缩，这只是我们成熟和智慧的体现。要知道，成功固然需要勤奋和行动，但我们不应该只是一个蛮干者和傻干者，而是应该做一个善于思考的思考者。像"懒人"一样思考，并不是让人真正变得懒散，而是采用扩展性思维，以最小的代价完成最大的目标。这就是聪明的

"懒人"成功的秘诀。

思考是打开成功大门的钥匙，可以让我们轻轻松松地打开高效的大门。聪明的"懒人"不会无休止的忙碌，因为他们知道这是无效的。聪明的"懒人"不会冲动地行动，因为他们知道这很可能让自己陷入徒劳。

聪明的"懒人"是管理时间的高手，他们发明了一种绝妙的工作法，就是懒惰工作法。他们平时会节省一些精力和注意力，将时间用在真正重要的事情上；他们能处理工作和休息之间的关系，而不是一味辛苦地工作，搞得自己疲惫不堪。因为他们知道让那些不重要的事情耽误自己的精力，与其如此，还不如趁机休息一下。

"磨刀不误砍柴工"说的就是这个道理。

一位探险家前往南美洲原始森林探险，寻找古印加帝国的遗迹。为此，他雇用了一群当地土著作为向导及挑夫。这些土著十分强壮，即便背着沉重的行李，依然健步如飞，探险家根本比不上他们前进的速度。但是为了赶时间，探险家只能竭尽全力地跟着这群人，足足辛苦赶了三天的路。到了第四天，探险家一大早就醒来，催促土著赶快打点行李赶路，可是他们却不为所动，表示要休息一天。这让探险家十分愤怒，因为这无疑会耽误探险家之后的行程。

不过，土著却坚持休息一天才能上路，并且对探险家说："我们自古以来有一个神秘的习俗，那就是在旅途中总是尽力赶路，但是每走上三天就需要休息一天。那是为了让我们的灵魂，可以追得上我们走了三天路的身体。"

　　不错，掌握工作与休息之间的尺度，才能持续拥有无穷的动力，这也是成就高效、获得成功的关键。然而在现实生活中，很多人却不懂得这样的道理，表面上他们整天忙碌，没有一丝休闲，但是却依然碌碌无为，工作效率更是低下。

　　所以，成功与否不在于是否忙碌，而在于如何去忙碌；看的是结果，而不是你为此付出了多少。不懂得聪明地"偷懒"，只能让自己忙得晕头转向，结果因为效率低下或反向错误，而做了大量无意义的事情。

　　不管任何时候，我们都需要记住一句话：做一个聪明的"懒人"，用思考成就高效，那么你就比别人更容易成功。

第二章
给自己叫个暂停！
校准目标再继续前行

比努力更重要的是什么？正确的方向！一个人想要到达目的地，就必须看清楚自己的目标，确定好正确的目标。若是目标错了，不要紧，给自己叫个暂停，校准目标之后再行动也为时不晚。

你对人生定位的思考，
决定你将来能站多高

有人问哈佛教授大学哈恩曼："如何才能和哈佛人一样成功？""找准位置才有作为"，哈恩曼教授回答道："即使你再羸弱，再贫穷，再普通，你仍然拥有别人羡慕的优势。对于很多人来说，之所以不成功不是缺少才能，而是缺少对自己才能的发现，缺少对自己人生价值的开发利用。"

没错，不管你是什么人、身处什么环境，只要能发现自己的才能，对自身有正确的定位，那么便可以成就事业。

可生活中总是有些人，他们敢尝试、肯努力，可就是与成功无缘；同样做一件事情，别人做得顺舟顺水、十分高效，他们却总是力不从心，低效不说，甚至步履艰难。就是因为他们没有找准自己的最佳位置，非要尝试自己不擅长的事情。就连著名的作家马克·吐温也是如此，他曾试图做一名商人，却屡屡遭遇失败。

马克·吐温的第一次经商活动，是从事打字机的投资。一个朋友说自己在从事一项打字机的研究，将来可以挣到大

笔的钱，但目前需要一笔实验经费。对于实验者的研究能力、研究方案的可行性和确切价值，马克·吐温一点也不知道，但他还是爽快地先后拿出19万美元进行投资。但当其他人已把打字机发明出来并投入市场时，马克·吐温的朋友还没有将打字机发明出来，发大财的美梦成了泡影。

接着，马克·吐温发现出版商因为发行自己的著作而赚了大钱，他很不服气，心想，我自己写文章自己出版发行，所有的利润不都是自己的吗？于是他信心满满地投资开了一家出版公司。但是，他没有任何建立和管理一家出版公司的经验，就连起码的财会知识都不懂，更别提去管理好整个出版公司了。很快，公司就因债务问题破产了。为此，他背上了9.4万美元的债务。

两次经商，两次失败，损失达30万美元，马克·吐温痛不欲生，甚至萌生了轻生的念头。这时，他的妻子奥莉薇娅耐心地开导了他一番，指出经商并不是他的长项，他的长项是演讲和写作，并帮助他制定了一个4年还债计划——全国巡回演讲。很快，马克·吐温的才干在演讲和写作中得到了真正的发挥，他处处受到人们的欢迎，成了全国知名的演说家，从失败走向了成功。

由此可见，一个人不成功并不意味着缺少成功的能力和潜力，而是没有找准自己的位置。在这个世界上，人与人之间的差异是非常明显的，我们每个人都有与众不同的秉性，独一无二的特点，这注定了我们天生有一个最佳位置，是成为一名学者还是一名官员，是成为一名企业家还是一名将军，是成为一名工人还是一名农民，等等。

所以，做事之前，我们都应该在心中放一把丈量自己的尺子，弄清楚自己能做什么不能做什么，擅长做什么不擅长做什么，向哪一个方向努力不该在哪一个方向浪费时间。可以毫不夸张地说，定位就是决定你人生能站得多高的关键。因为找准了自己的定位后，你就能很好地实现个人价值，你的机遇就在那里，你的财富就在那里，你的幸运也会在那里。

当然，想要找准自己的最佳定位，还需要我们长时间的摸索和尝试。如何做到这一点呢？这需要你尽可能全面、深入地收集自己的信息，考察自己的性格、能力、专业技能、思维方式等等。等到找到了自己的核心竞争力，我们才能充分发挥最佳的特性，价值才能得到最大的体现。而对于每个人来说，这都是人生中最重要的。

但需要注意的是，给自己定位并不是给自己设限，我们需要把自己的眼光和思路打开，不把眼光只盯着眼前，而是给自己一个准确而又长远的定位。因为你对人生定位和思考，决定着你将来能站得有多高、看得有多远。

就好像你的眼里只看到面前的小山坡，就永远不敢、不能攀登上珠穆朗玛那样的高峰一样。如果你给自己的定位是渺小的，认为自己只能完成渺小琐碎的事情，那么你只能成为平庸者。可若是你给自己的定位是伟大的，认为自己能完成伟大的事业，就

一定能够发挥最大的潜能，成就一番的事业。

你今天给自己的定位，决定了明天的地位和成就。所以，好好整理自己吧！

如果方向错误，及时把自己调回正路

古话说"欲行千里，先立其志"，这里所谓的"志"是人生的志向，也就是人生的目标。这句话的意思是，想要在人生道路上走得更远，就必须先有一个前进的目标，知道自己想要什么。若是一开始不知道自己要去哪里，很容易"东一锤子西一棒子"，甚至彻底迷失方向，那么即使再渴望成功、有再强大的信念，也很难成功。

可很多时候，由于人们对自身了解不够，或是客观条件限制，我们几乎完全没可能到达目标，甚至目标定位错误。这个时候应该怎么办呢？是及时调转方向，还是坚持到底？很多人会选择坚持到底，或是不服气，"别人都能做到，我凭什么做不到？"或是对最初的梦想有不一样的执着，"我这是从小的梦想，我怎么能轻易放弃？"

可是你的努力并不在正确的方向上，努力又有什么用呢？当你发现自己在某件事情上用了很大的努力，但仍不能达到设想的目标，甚至发现离目标越来越远的时候，最明智的办法就是好好地分析一下：我的努力方向是不是错了？我的目标是不是不合适？

如果答案是正确的，我们就应该放下无谓的坚持，及时把自己调整到正确的道路上。就像船只在大海中航行发现路线错误，就必须及时调整路线，重新设定目标一样，如此一来才能达到目的地。

这让我想起大西洋中一种马嘉鱼的鱼类，它长得十分漂亮，银肤、燕尾、大眼睛，不少渔民想捉住它们卖个好价钱。但马嘉鱼生活在深海之中，不易被人捉到。但到了春夏之交，渔民们却总能轻而易举地捕到马嘉鱼。这是为什么呢？是马嘉鱼的"固执"害了自己。

每逢春夏之交时，马嘉鱼会逆流产卵，顺着海潮漂流到浅海。这时候，渔民们会用一个孔目粗疏的竹帘，下端系上铁，放入水中，由两个小艇托着。马嘉鱼一旦"落网"，只会拼命地向前游，结果一只只便会"前赴后继"地陷入竹帘孔中，帘孔随之也会紧缩。竹帘缩的愈紧，它们就愈激怒，会更加拼命地往前冲。就这样，马嘉鱼们被牢牢地卡死，最终成群结队地被渔民所捕获。

看到了吧，不及时调整方向，就只能让自己陷入困境。成功和失败的区别，就是成功者选择了正确的方向，一旦发现方向错误便会及时调整。而失败者正好相反，他们不会变通，一味地坚

持，刻意地执着。

人生有很多条道路，条条大路通罗马，为什么非要在错误的道路上奔跑呢？不妨看看波·艾勒多亚的故事吧：

当波·艾勒多亚还是寂寂无闻的小伙子时，曾经有幸面见德国汽车巨头卡尔·本茨。卡尔·本茨询问他的梦想是什么，他回答说："我希望能赚到1000亿美元。"1000亿美元不是一个小数目，卡尔·本茨非常吃惊，便追问他要这么多钱做什么。

波·艾勒多亚挠着头想了好一会，吞吞吐吐地回答："老实说，我只觉得赚到1000亿美元才能称得上成功，至于到时候做什么，我也不大清楚。"

"拥有1000亿美元真的就是成功吗？"卡尔·本茨追问道，不待波·艾勒多亚回答，他又语重心长地说道："你这样的想法是不对的，因为市场的金钱是有一定限额的，一个人将那么多的钱归为自己所有的话，将会威胁整个金融市场的稳定。我看你还是先别考虑这件事吧，别再做1000亿美元的美梦了。"

一晃六年过去了，波·艾勒多亚变得成熟了、稳重了，又一次来拜访卡尔·本茨，说要收回六年前的梦想。见到卡尔·本茨，他迫不及待地说道："我认识到了六年前的错误，现在我修正了自己的目标。我不再想着挣1000亿美元的美梦了，我想要创办一所大学，做我力所能及的事情。"卡尔·本茨欣慰地笑了，主动提出资助对方20万，帮助他实现自己的目标。

又经过6年的努力，波·艾勒多亚成功了，创办了德国著名的艾勒多亚大学。虽然他没有挣到1000亿美元，但相当成功。试想，若是他坚持最初的目标呢？结果可想而知。

所以说，并不是目标定下就可以了，我们需要不断地审视、思考，确定目标是正确的、合理的；并不是目标定下后就不能改变，若是发现目标遥不可及，或是错了，就应该及时调整。

如同宾塞·约翰逊所说的："越早放弃旧的奶酪，你就会越早发现新的奶酪。"及时、经常地调整和修正目标，把精力放在了正确的地方，才能获得更大的成就。

对自己的真实需要，始终要一清二楚

成功需要努力奋斗，但比这更关键的是一个人需要清楚自己想要什么。知道自己需要什么，努力去实现这种需要，找到自己的目标，才能让一个人永远保持一颗奋斗的心，才永远不会迷失方向。只有不断满足自己需要的人，才有实现目标的勇气。

同时，成功者之所以能够取得成功，并不仅仅只是有个目标而已，更重要的是他们明白该去用什么来为自己实现目标而服

务。道理很简单，他们清楚，追求成功是一个漫长的过程。

我们都知道，温州人擅长赚钱，在他们的观念里，赚钱是光荣的。他们知道，既然自己需要钱，就要努力去赚取；既然自己想要得到它，就要为之付出努力。

一位成功的温州商人就曾经说："我能够走到今天首先就是明白赚钱对于实现自己理想的重要性。然而，年轻的时候我只想赚钱，可是发现到达一定程度的时候自己很难突破。我明白，自己又没有什么学历，只有通过不断地努力学习，才能渐渐缩短梦想与现实的距离。"所以，他边学习边赚钱。而且学习不是为了向别人炫耀自己有学问，而是为了去实现自己最终的目标。

成功者有时候会"借鸡下蛋"，但是他们永远清楚自己的目标，不会因为任何原因迷失自己的方向。B凉茶的发展就体现了这一点。

温州地处南方，人们都喜欢喝凉茶，当然，前提是他们认可这个品牌，毫不夸张地说，W凉茶就是温州人喝出名的，是温州人喜欢喝W凉茶到疯狂吗？显然不是，主要是他们在跟W凉茶学习，准备创办出另一家凉茶饮料B凉茶。

W凉茶是中国的品牌，如果B凉茶不管三七二十一去跟它碰撞，结果只能是血本无归。B凉茶深知这一点，如果避重就轻，先依附于W凉茶，再谋出路，未尝不是一个两全其美的办法。B凉茶想要让W凉茶做B凉茶的嫁衣，然后从W凉茶的身上蜕蛹化蝶。于是，他们就用自己的头脑，用自己的思维，开始了依附于W凉茶的征程。

如果B凉茶去和W凉茶抢市场，无疑是以卵击石。B凉茶根据温州当地人的特点，又在凉茶里面加入了蜂蜜，蜂蜜可以滋润养颜，强调清润养颜的功效，这一举措，很受温州消费者的欢迎。

更为有趣的是，人们常常把B凉茶称作W凉茶的"弟弟"。当然，这也是有据可依的。凉茶一直是广东和广西的优势饮品，B凉茶无论从口感还是价位上，都与之有一段距离。虽然B凉茶也大打喜庆牌，外包装也是红色的，有去火的功效。

B凉茶公司深知在全国与W凉茶抢市场必然会失败，他们也毫不避讳地说，W凉茶在温州市场卖得很旺，在这样的基础上，B凉茶公司就利用W凉茶做的"嫁衣"，开始在温州推销B凉茶饮品，温州地区是B凉茶销售的重点区域，通过在温州当地报纸、电视、广播等媒体，开始了向温州市场进军的步伐。

在进军的同时，B凉茶还采取促销活动，比如揭盖有奖活动，大奖包括笔记本电脑、手机、MP3等，小奖也有非常实惠的"再来一瓶"。就这样，B凉茶打开了温州的市场，被温州当地人所接受，但它们并没有满足，继续把市场扩大到整个浙江省。慢慢地，B凉茶与W凉茶区分开来，打造出具有自己特色的品牌，逐渐渗透到上海、北京等市场，最后，辐射全中国，进军海外市场。

B凉茶对自己想要的非常清楚，所以他们刚开始向W凉茶靠拢，赢得消费者的认可和青睐，然后甩开W凉茶的束缚，实现品牌的差异化，做出自己的特色。就是因为他们知道自己需要什么，所以就算在依附于W凉茶，仍然在不断完善自我，不断为自己添加新的生命力，朝着自己的目标而努力。

所以说，不管任何时候都必须清楚自己的目标，弄明白自己到底需要什么，到底为了什么而努力。不管什么时候始终清楚知道自己需求什么，才不会随波逐流，甚至迷失自己。

即使豪情万丈，也要让梦想连接土壤

有人说，我们需要仰望星空，但是也要脚踏实地。这句话很正确，任何伟大的事业都是从小事做起，任何远大的梦想和目标都必须从现实出发。我们可以树立高远的梦想，可以豪情万丈，但是却不能把梦想建立在乌托邦之上。

现实生活中，很多人眼光非常先进，梦想也非常高远，想法往往比别人更新奇。可是目标太高，脱离了现阶段的实际，便是高不可攀；想法太超前，没有好好地落地，便是不切实际。于是，在行动的过程中，他们的想法开始行不通，前行的道路也是阻碍重重。接下来，他们感觉越来越力不从心，越来越寸步难行，最后只能以失败的结局收场。

我们知道，马云、李彦宏、张朝阳等人都是中国互联网发展的引领者和先驱者，他们把互联网引入中国，带动了国内互联网的繁荣。但是，在他们之前，还有一个人比任何人都先接触互联网，这个人就是张树新。

1995年5月，张树新创建了瀛海威，这也是中国第一家互联网公司，被人称为"中国互联网的先烈"。

当人们还不清楚什么是信息高速公路，她就已经将一块亮眼的广告牌矗立在中关村；当人们还普遍对互联网极其陌生时，她就设计了一个五脏俱全的互联网世界。她将"邮局""论坛""咖啡厅""游戏城"等等多种服务都放置进了公司的上网客户端，试图建造出一个完美的互联网世界。

张树新的理念非常超前，她曾经做了一个名为"新闻夜总汇"的项目，那个时候，什么搜狐、网易、新浪还连影子都没有。她甚至还试图让她的互联网公司发展电子购物项目，并发行了中国最早的虚拟货币"信用点"，而那个时候，马云的阿里巴巴还没有出现。

对于很多互联网创业者来说，当时的张树新就是他们的偶像，就是他们学习的榜样。但是，瀛海威失败了，张树新彻底从互联网世界消失。

这究竟是为什么呢？

　　这是因为张树新太理想化了。没错，互联网具有众多优势，可以把论坛、新闻、游戏、购物等等都融合在一起，但是当时国内互联网才刚开始，人们还不了解它，更不容易接受它。想要把所有这一切都融合在一起，试图打造一个成熟完美的互联网世界，可以说是不太现实的。

　　任何事物都应该一步步发展，都应该符合当时的形势、适应当时的环境。若不是如此，就可能失去存在、发展的空间。就好像是天空中的浮云一般，虽然美丽却让人触手不及。实现远大的梦想也是如此，我们虽然豪情万丈，虽然目光长远，但是也不能不接地气，更不能脱离了现实。

　　张树新在失败之后曾坦言，"瀛海威之所以失败，大概就是因为它太'新'了！"没错，这个梦想非常远大，眼光也具有前瞻性，但是这个梦想也太不接地气了，所以失败也是必然的。

　　我们可以是梦想家，可以树立远大的目标，但是即便是再伟大的梦想也要落地，即便是再远大的目标也需要一步步地去实现，并且不能脱离现实。其实，梦想是有分化的。有一部分能实现的，叫理想，属良性。另外一部分则是空想甚至是幻想，它老挂在天上飘着的、不接地气的，也终会幻灭。

　　我们的梦想，不应该是高高挂在空中的浮云，而应该是放起的风筝。我们可以把它放得很高，但是不能脱离自己的掌控。有时，我们需要把梦想拉回现实，让它接近地气，让它具有踏踏实实的烟火感。如此一来，梦想才不会成为空想，才不会以失败告终。

紧盯你的目标，思索最有效的方法

行动力，本是一个人身上最可贵的品质，但如果在还未确定目标的情况下就横冲直撞，无疑，结果往往是事事落空。即使事情能做成，也要付出极多的时间和精力。

任何一件事情，都不是你耗费体力、耗费时间去做就能成功的，而是需要你带着大脑去做。只有紧盯着目标，通过合理的思考、智慧的分析，找到最合适的途径、最佳的办法，才能又好又快地完成目标。

所以，做事时不能仅凭匹夫之勇苦干硬干，而是应该遵循以下思维模式，思考以下问题：

事情的实质是什么？

事情的核心或重点在哪里？

现在的主要成因是什么？

为解决此事，我能做什么？

哪个方案很有可能帮我达成目标？

……

事实上，凡是能取得卓越成绩的人都是善于思考者，他们有头脑，有智慧，更讲究方法。贝索斯便是如此：

　　当亚马逊在美国取得巨大成功之后，贝索斯便计划将扩大市场，进军全球市场。之后，亚马逊纷纷在英国、法国、日本等多个国家上线，可是在进军中国时却遇到了麻烦。亚马逊开展了全面的宣传攻势，也进行了降价促销等活动，但是效果不是很理想，中国的消费者对亚马逊并不感兴趣。

　　这是怎么回事？

　　原来，大多数中国消费者英语水平有限，在亚马逊购物时经常面临语言不通、交流不畅等问题。于是，贝索斯想，不如把这些商品主动放到中国市场上，翻译成中文界面，至少解决了消费者的语言问题。2014年，亚马逊在中国推出"海外购"，渐渐地，越来越多的中国消费者开始通过"海外购"下单。

　　尽管如此，"海外购"的业务仍未达到预期，普遍的中国网民更愿意选择在国内知名电商下单。到底是什么原因呢？价格？还是质量问题？亚马逊内部人员为此议论纷纷，经过一番调查后，原来美国电商服务普通网购至少要6-14天才能收货，"海外购"这种跨国业务的期限更长。但中国并不一样，在顺丰以及圆通等快递网络普遍高效下，普通网购至少要2-3天就能收货，有些电商公司甚至建立了隔天到达的服务标准。

　　明白了问题所在之后，接下来，亚马逊推出了快速交易体系，中国消费者在"海外购"下订单后，订单同时也在美国生成，计算机系统会自动分配到最合适的运营中心处理，然后通过空运进入亚马逊在中国的运营中心，保证在5~9个工作日内送到消费者手上。无论是市场，还是配送，亚马逊都有了保证。于是，中国消费者开始慢慢地接受亚马逊，说到海外代购就会想起亚马逊。

可一个问题解决了，又一个问题接踵而来。随着竞争越来越激烈，亚马逊的海外代购再一次受到挑战。怎么解决这一问题呢？和竞争对手展开价格战，无疑两败俱伤。贝索斯思索一番之后，建议把用户群体转向那些不太富裕的低收入购物者。

一直以来，亚马逊号称涵盖了千万国际品牌好货，针对的用户群体都是高收入的购物者，但随着越来越多的普通老百姓开始网购，贝索斯认为用户群体也不能一味一成不变。现在，"海外购"提供逾10万国际品牌，种类齐全，价格不等，消费者可以依据自己的喜好挑选，拥有更大的自由度和选择空间，于是"海外购"渐渐地成为诸多中国消费者的选择。

亚马逊之所以能成功进军中国，就是因为它始终紧盯着目标，遇到问题时，不断思索最有效的方法，而不是盲目蛮干。做任何事情都是如此，没有确定目标或是没有找到最佳办法就盲目行动，往往不如思考之后的效果好。这就是为什么很多人明明事情做得不少，却搞得乱七八糟，明明每天卖力地干活，可是效果并不高。

管理大师彼得·德鲁克在其《有效的主管》一书中曾经说：

"效率和效能不应偏废，我们当然希望同时提高效率和效能，但在效率与效能无法兼得时，我们首先应着眼于效能，然后再设法提高效率。"

这里的效率是"以正确的方式做事"，而效能是"做正确的事"。做正确的事是前提，前提对了，成功才能随之而来。

准确判断趋势，这一点不容有失

一个人的眼界决定着他的未来。只有看得远，能够判断未来发展趋势，才能走得远。因为能看得远，所以看得到未来的路，然后能认准自己努力的方向。只要朝着这个方向努力前行，那么便会实现目标，赢得成功。

就好像我们钓鱼一样，不能看到鱼再下钩，而是根据经验判断鱼在哪里，提前挥动鱼竿、抛出钓线，等待鱼儿上钩，如此才能有所收获。

中国台湾营销趋势专家林宗伯如此说："'知道趋势'和'掌握趋势'不同。因为趋势就像一个巨人，在他脚下的小人们，虽然知道趋势来了，但只会眼睁睁看着巨人走动并感到危机重重、忧心忡忡；但骑在巨人肩上的小人，却毫不费劲的掌握了正确的方向，轻松迈步向前。知道趋势的人不一定能致富；但掌握趋势的人一定能拥有财富。"

我们需要培养前瞻性的眼光，以及非凡的眼界，只有如此才能看到别人看不到的商机，准确地判断未来的趋势。那些聪明的人都是如此，他们能够根据当下的情况，看清市场的发展趋势，预知未来的发展前景。所以，他们往往走在他人和时代的前头，能够轻轻松松赚到大钱。

可是有些人就不一样了，他们只注重眼前的利益，只关注当前的所谓"流行"。因为缺乏前瞻性，他们不仅无法判断未来趋势，反而总是追赶着别人的脚步，结果只能被远远地抛在后面。

就连IBM的缔造者托马斯·沃森都不能幸免。

在第二次世界大战后，沃森就任命自己的长子小沃森成了IBM的执行副总裁助理。在当时的市场下，正是"打孔卡计数器"和"电子计算机"这两种电子产品，新旧皆并存的时代。小沃森他敏锐地意识到，电脑的市场前景，是要向小型的电脑、运算更加精确、且价格大众化的趋势发展，认为当前存在的这种粗大笨重型、运算也不精确且价格昂贵的电子产品迟早会遭遇淘汰，要提前认识这点。

他及时向老沃森提出建议：要迅速投入大量人力、物力，来进行电脑的研究工作，将生产和销售电脑作为公司未来的发展战略。但是老沃森他看到的是当前依旧热销的市场，觉得打孔卡计数器及打字机制表机等主导产品不会与市场脱节，没必要对电脑市场进行大量的投入和研发。因此，IBM没有立即实施小沃森提出的战略规划。

　　而随着科技的不断进步，市场的千变万化，老沃森这时候才逐渐接受了小沃森的建议，但这时候的行动已经赶不上市场的变化，行动依旧缓慢，投入也不是太多，因而收效并不大。

　　而与此同时，市场中的其他公司在电脑领域中飞速进步。到了20世纪50年代初期，IBM的主要竞争对手兰德公司，已经荣耀地确立了在电脑产业中的领先地位，而此时的IBM只处于中等水平。这时候的老沃森才得知自己主导产品全面滞销的噩讯，而刚好打败IBM打孔卡计数器的，正是当年没有投入的电脑。

　　老沃森又气又悔，马上决定让小沃森出行公司的执行副总裁，实施他的战略规划。小沃森经过了9年的不懈努力，才为IBM获得了巨大的收益，也为IBM成为电脑巨无霸打下了坚实的基础。

　　老沃森也是在商场上摸爬滚打多年的聪明人，但是眼界和思维的局限，让他失去了对未来趋势的准确判断，从而失去了抢占市场的大好机会。就是这一个决定，让IBM面临着被市场淘汰的危机，之后经过小沃森的9年的努力才得以挽回局面。试想，若是老沃森当年立即同意小沃森的计划，那结局会怎样呢？IBM的成绩或许比现在更辉煌吧！可这一切只是假设而已。

　　在这个高速发展的社会，不论你从事什么行业，卖什么样的产品，想要得到长足发展就必须有高远的目光和前瞻性，掌握或者摸索到市场发展的变化规律，否则就只能被市场淘汰。

如果你认为成功是靠运气，其实这只是你的目光短浅。那些成功人士并不是靠着运气好，才碰到了发大财的运气。这是因为在面对选择时，他们看到的不是眼前的利益，而是看它是否在更远的未来给自己更长远的发展；在面对商机时，他们看到的不是现在的得失，而是潜藏在未来的财富。

正如俗语所说的"有人思来年，有人思眼前"。虽然未来具有不确定性和风险性，但是只要你有敏锐的眼光，能够准确地判断趋势，就可以把未来看得更清晰，就可以赢得更多的良机。

统一企业在成立的第一个十年，只是一间以制造导向为主的企业，这就代表着产品做好了就一定得卖掉。但是随着市场的不断变化，统一在第二个十年开始，就遇到了难题了，因为董事长高清愿逐渐发现，并不一定产品好就代表着一定能卖得掉。

到了1979年，高清愿到欧洲考察时，听到一个法国企业家说："未来的五十年里，谁能掌握产业的通路，谁就是最后的赢家。"这时候高清愿才恍然大悟，不仅要有好的产品，还要有好的销售渠道，才能将自己的产品送到顾客的手里，于是这时候的高清愿就开始走进了流通行业。

这段话让他当机立断，在来年引进便利超市体系，身兼制造商与通路。即使一开始就面对连续六年的亏损窘境，但他懂得掌握市场的发展趋势，所以让现在的统一成了我们日常生活

中离不开的好帮手，也赢得中国台湾零售业第一的地位。

钓鱼的过程中，如果我们不能准确判断哪里有鱼，及时抛出鱼钩，就可能空手而归。如果你盯着眼前看到的小鱼，就可能错过了潜藏在水里的大鱼。赚钱也是这样的道理，如果你不能准确判断市场的发展趋势，那么就可能错过大好机会；如果你一直幻想着以当前的状态去获得丰厚的报酬，那就可能得不偿失。

这个世界是不断变化的，把眼光放得长远些，朝着未来看一看，自然就走得更远了。

第三章
做一次彻底"洗脑"，将梗阻物清除掉

每个人都有自己的思维习惯，都会被自己的惯性思维左右。可这惯性思维有好处也有坏处，聪明人绝不会让它阻碍自己的创新和潜能，而是会不断更新自己的大脑，把那些不良思维清除掉。

思维固化，到底有多么可怕

每个人都有自己的习惯，比如有人习惯上班前喝一杯咖啡，有人习惯将钥匙放在某个固定的位置等等。在生活中我们会慢慢地养成某种习惯，然后再之后的日子里，绝大部分行为会以这种习惯为导向。

行为是如此，思维更是如此。每个人都有固定的思维习惯，并且不同程度地被自己的惯性思维左右。这种惯性思维或许可以帮助我们解决很多问题，可更多时候却在我们的头脑中树立一道无形的墙，不仅抹杀了我们的创新能力，更扼杀了我们的潜能。

可以说，惯性思维是思维的固化，是头脑的僵化，只能把自己逼入死胡同之中。它会让我们举足不前，又或者直接走向失败。

在某学校的课堂上，教授给学生们出了一道题：19世纪末，美国加州发现了金矿，全国数以万计的淘金者来到这里，可是一条大河却挡住了他们的去路。如果你是他们其中的一员，你会怎样做？

学生们踊跃发言，想出了很多办法来渡河，有的说租

来大船，有的说搭建桥梁，有的甚至说游过去。看着学生们五花八门的答案，教授笑而不语。最后，他严肃认真地说："为什么非要去淘金？如果你找一条船接送那些梦想过河的淘金者，是不是也会拥有巨大的收获？这样也是另外一种方式的淘金吧！"

是啊！所有学生想得都是如何渡河，如何到对岸去淘金，却恰恰忽略了摆在自己面前的"金矿"。因为他们的思维陷入了惯性的框架，扼杀了自己的创新思想，将自己逼入了死角之中。教授的提议恰好是突破了人们的固有思维，从另一个角度看问题——那些梦想着发财的淘金者们想尽办法渡河，即便通往金矿的船票再贵，他们也会毫不犹豫地买票上船——这难道不是最好的商机、最大的金矿吗？

所以说，思维固化是非常可怕的。或许在环境不变的情况下，它可以帮助我们轻松地解决问题。可是如果环境发生变化，或是眼前的道路行不通时，我们若还是用原本的方式思考问题，用原本的行为方式处事，那么就会给自己带来巨大的麻烦。

这也就是为什么很多人之前能取得好的成绩，之后却越来越力不从心；很多企业之前能赢得消费者的喜欢，之后却越来越式微，陷入经营困境。只是因为他们习惯了一种环境，习惯了一种思维方式，将自己的所有习惯当成"公式"一样套用到现有的环境当中。

若是想要创造出更为突出的成绩，人们就必须突破自己、突破原有的思维习惯和行事方式。尝试着改变,尝试着创新,才能让思维活起来。

现在请思考一个问题:裙子破了,应该怎么办?按照人们的固有思维,那肯定是修补起来啊!可是,很多年前的一个人却突破了固有的思维逻辑,对破洞进行了修饰、装饰,反而打造出一种新的时尚。

这个人是某家时装店的经理,有一次,他不小心将一条价格昂贵的高档呢裙烫了一个小洞,如果就这样把裙子丢掉,那么他就必须赔偿高额的赔款;如果用织补法补救,也可以销售出去,但是价格却一落千丈。

突然这位经理灵机一动,想:为什么不好好地利用这个破洞呢?于是他大胆地进行了尝试——在这个小洞的周围再制造出许多不规则的小洞,并且装饰上精美的配饰、丝带、流苏。结果,漂亮的流苏,褶皱的裙摆,让这裙子更加漂亮、富有个性。

于是,这家时装店开始制造和销售这种独特的裙子,并且取了好听的名字——"凤尾裙"。一下子,"凤尾裙"受到了年轻女孩的追捧,这个时装商店也由此声名大噪。

看到了吧!突破固有思维,让自己的思维活起来,便会获得意想不到的效果。人们最活跃的是思维,最容易被限制住的也是思维。不管任何时候,只有突破自己的思维限制,打开思路,出

路才能越广阔。

现实生活中那些成功者从来不会一成不变，不会被任何问题捆住，他们总是可以想出各种办法让自己跳出去，让自己找到更好的出路。所以，让自己的思维活跃些，改变自己，改变思路，才能谋求更多的发展，打开成功和财富的大门。

迷信经验，迟早你会被它害惨

生活中我们通常会习惯按自己的经验做事，或是借鉴成功人士的经验。因为在我们的意识中，经验都是经过人们反复验证的并且是正确的，既然如此，为什么不直接借鉴它呢？没错，经验有时确实是有用的，可以给我们有价值的指导，可以让我们少走弯路，可以增加我们的成功率。

但是，盲目地迷信经验，一味凭借经验办事，那只能害了自己。培根曾说过："人们常常被自己的经验绊倒。"一味迷信经验，会让我们失去思考能力和判断能力，会禁锢我们的思维，从而让我们陷入一个思维死角。

不妨看看这个故事：

> 一艘轮船不幸触礁沉没，船员们拼命地游泳，终于来到了附近的一个孤岛上。很快，船员们陷入了缺水、缺食物的

困境，可是孤岛上没有任何淡水资源。经验告诉船员们，海水又苦又咸，如果喝了的话就会加快死亡的速度。

就这样，船员们一个个因为缺水而死，可是当最后一名船员在绝望中品尝一口海水后，竟然发现海水是甜的！原来，这座孤岛地下有一个泉眼，泉水不断地涌出，遍布孤岛周围的水域。所以说，孤岛周围的水其实是可以饮用的泉水。

船员们一味依赖经验，失去了拯救自己生命的唯一机会。这就是一味迷信经验，不尝试、不思考的后果！

要知道，任何经验即便是最成功的经验，都是特定时代、特定环境下的产物，我们可以适当地借鉴，却不能将它看成是"至理名言""唯一信条"，用它套用所有的事情。成为经验主义的信徒结果只有一个，那就是形成思维定式，让它禁锢住我们的行为和处事方式，从而让自己陷入困境之中。

这个世界是多变的，任何经验和理论都不可能成为"至理名言"。它或许在某个事件适用，可到了另一个时间就不适用；它那可能让某个人获得成功，但到了你身上却毫无价值。就像是诗人余光中所说的一样，当你的爱人已经改名为玛利亚时，你还能赠予她一首《菩萨蛮》吗？生活总是充满了变化，如果我们习惯用固有的经验办事，那么只能被远远抛弃。

所以，我们需要借鉴某些经验，但必须拥有独立思考的能力，在行事前思考这个经验是否适合自己、是否适合当前的环

境。同时我们需要超越旧的思维模式，摆脱以往的经验，给自己的大脑做一次彻底的清洗，如此才能获得巨大的收获。

布利阿里是英国一位机械专家，他研究的是武器比如枪支。他的主要工作就是研究枪支的性能和构造，但很意外的是他并没有在枪支上面有多大的贡献，即使他一直专注着研究这方面。但他依然有个伟大的发明，那就是他发明了——不锈钢餐具。这个发明与他研究的枪支没有任何关系，但这让他获得了财富和名声。

在一战前的时间里，英国热衷于"殖民"扩张。英军发现自己的枪支使用时间一旦过长，枪支的命中率就变小，于是他决定进行分析和改造枪支的结构。设法找到方法解决掉这种质量问题。于是布利阿里通过各种途径找到了各种各样的合金钢，以此来进行耐磨和耐热的试验，好代替枪支原来的素材。而由于收集到的材料品种繁多，试验的时间不够，这样导致试验场地上全都是各种各样的合金钢了。

没有研究出好的素材代替，布利阿里在各种合金钢里，居然发现了一块锃光发亮的钢材。他将这块钢材做了详细的分析，发现它并不适合于用在枪支上，于是想要将之放弃的时候，他突然觉得要是这么漂亮的材料都没有派上用场，未免也太可惜了。可他抬头看见了试验场里边狼藉的餐具，他突发奇想，要是将这些漂亮的素材用来做成餐具，是不是非常有卖点呢？也不枉费这么漂亮的材料。而正是由于这么一个突发奇想的点子，布利阿里成了一位不锈钢餐具推销商。随之几年的光景，不锈钢餐具开始进入家庭。

当布利阿里由于不锈钢材料做成餐具而吸金的时候，不锈钢材料的发明者——德国人毛拉不禁地感叹道："我当初把它扔到垃圾堆的时候，怎么没有想到将它变成餐具呢？这样的话现在收益的就是自己。"

德国人毛拉率先发明了不锈钢，可是根据以往的经验，他觉得这种材料不适合制造任何器物，所以将把当成垃圾扔进了垃圾堆，也将成就财富的机会扔进了垃圾堆。而布利阿里却恰好相反，虽然他发现不锈钢不适合用在枪支上，但是却可以做成漂亮的餐具。因为他跳出了固有思维的束缚，从新的角度看到了商机，从而获得了巨大的收获。

事实上，生活中有很多毛拉这样的人，一味根据以往经验办事，不进行思考和探索；或是经常因为经验的积累而自以为是地想当然，凭借事物表面来判断一切。就是因为如此，他们失去了创新思维，也失去了成功的机会。

说白了，经验就是过去的一件事情或是一个结果，是特定时间和环境下的产物，在不同的时间不同的地点，会产生截然不同的结果。所以，与其迷信经验，不如转变思维，大胆地尝试，如此才不会被经验捆住，才能实现更大的突破。

当你思维改变，命运开始翻新

在英国有一个非常著名的墓志铭，上面写着这样的一段话："我年少时，踌躇满志，梦想着改变世界；当我年长后，发现我无力改变世界，于是我决定改变国家；人到中年，我发现改变国家也是难事，于是退而求其次，想要改变我的家人；步入垂暮之年，我才发现，我连家庭都无法改变。这也让我意识到，我应该做的是首先改变自己，然后影响家人，若是我能影响家庭，那么或许有一天可以影响到整个国家，若是成功，那么改变世界也并非不无可能。"

没错，很多时候我们想要改变世界，可是由于种种原因，我们的理想根本不可能实现。这个时候应该怎么做呢？与其执着，不如转变思维，改变能改变的，比如自己，比如方向。当你改变之后，就会发现改变世界也是有可能的。

然而现实生活中很多人不懂这个道理，他们想要改变自己的命运，想要成就一番事业，经历失败之后便陷入低迷，开始抱怨生活的不公，抱怨出身的不好，认为自己的不幸是环境造成的。可是抱怨有用吗？不，这根本不能改变什么，不能改变他所处的环境，更不能改变他的命运，反而让自己陷入无尽的深渊。

要知道，处理任何问题，都不能一成不变，如此人们就会陷入线性思维，无法从多角度看待问题，无法灵活应变。不能改变环境和出身，那就改变自己，改变自己的思维，改变自己的行为方式，如此一来便会"柳暗花明又一村"。

从前在一个大森林当中有三只蜥蜴，它们是非常好的朋友，只是它们并没有太多的时间去享受生活，发展友谊，因为它们的生存环境实在是太危险了，它们是食物链底端的存在，在森林当中如果不能隐蔽自己，那么很容易被天敌发现。

为了能够生活更安全一些，三只蜥蜴开始讨论对策。第一只蜥蜴说："咱们的颜色和周围的树木实在是太难融合到一起了，很容易会被发现，所以我认为咱们应该对这一带的环境进行大改造，改造成适合咱们生存的环境。"

第二只蜥蜴不认同地说道："改变环境就凭咱们三个的力气，要干到何年何月啊？说不定还没改造完就被敌人吃掉了！与其如此，还不如放弃这里，重新寻找一片便于咱们隐藏的环境呢！"

第三只蜥蜴想了想，说道："改变环境实在是太难实现；找一片便于咱们隐藏的新环境也太难，因为季节更替，树木的颜色也会变，咱们想要让环境适应咱们，就要不停地迁徙，说不定在迁徙的途中还会遇到危险。咱们为什么不是改变自己，使得自己适应环境呢？"

可是第一只蜥蜴和第二只蜥蜴都觉得自己的办法最好，

不肯妥协，最终三只蜥蜴分道扬镳了。第一只蜥蜴花了好长时间改变环境，却收效甚微；第二只蜥蜴就如第三只蜥蜴说的那样，刚找到一片和自己颜色相同的森林，没多久天气转冷，树木的颜色发生了改变，它不得不重新迁徙……只有第三只蜥蜴，它学着利用阴影和阳光改变自己的肤色，渐渐的它有了会随着环境改变肤色的本领，它就是变色龙的祖先了。

这个故事告诉我们，一切都在于我们自己的态度。当你的思维改变时，你的命运就随之改变。其实，改变思维并不难，就像拧螺丝一样，正向拧不开的时候，试着反向拧，螺丝必定能拧开。遇到问题难以解决，或是碰壁的时候，不妨换一个角度思考问题，或是从反面角度思考，或是转一个弯，或是彻底退下来，或许问题就会迎刃而解。

仔细想想看，为什么失败者会让自己进入死胡同，而成功者却能达到成功的彼岸？就是因为成功者善于改变自己，不会纠结于改变这世界，而是不断改变自己，让自己顺应这个世界。

在很久很久以前，是没有鞋子的，人们都光着脚在路上行走。国王有一次去远方旅行，第一次感受到了裸足的疼痛。因为皇宫里的道路非常平坦，但外面的路难免坑坑洼洼，走多了自然觉得脚疼。

回到王宫之后，有好几天国王都没有缓过来，于是他想，自己的脚这样疼痛，那么寻常百姓岂不是每天都要受到这种煎熬？于是国王开始想，究竟怎样做才能改善这个问题。想了好几天，国王终于有了答案——在所有的道路上铺设牛皮，如此一来道路就不那么坚硬，行走起来就舒服多了。于是国王马上下达诏令，命全国人民在道路上铺设牛皮。

可是随之而来的问题同样让国王头疼。国内有那么多道路，如果每条路都铺设牛皮的话，会耗费大量的人力物力，而且杀光全国的牛也不一定能够将所有的路都覆盖住。这时，一个聪明的大臣想了个办法，他对国王说道："陛下，我们为什么要花费那么多不必要的金钱呢？铺设牛皮不过是为了保护我们的双脚，既然如此，我们何不用小块的牛皮包裹住自己的双脚，这样不就可以解决问题了吗？"

国王听后大加赞赏，于是所有人都开始用牛皮裹住双脚，从此以后，皮鞋便诞生了。

不一样的角度，就会产生不一样的结果，我们就可以看到不一样的世界。我们改变自己的思维之后，视角自然也会发生改变，那个时候，世界自然也会发生改变。

所以，放下执着，放下固有思维，改变我们自己才能变被动为主动，通过努力获得属于自己的成功，从而掌握自己的人生。

有些规则需要遵守，有些规则必须打破

都说无规矩不成方圆，这似乎是一种真理。生活中我们需要遵守一些规则，比如春耕秋种，比如靠右行驶，比如顺水行船等等。正是有了这些规则，社会才能井井有条，人们才能和谐友爱。

可是，规则是绝对的吗？所有的规则我们都必须遵守吗？并不是如此。很多规则必须尊重，比如法律法规、自然规律，但是有些规则就是用来打破的，比如因循守旧的常规、禁锢人们思想的规定。如果人们凡事都按照规矩来，那么就会用规矩画地为牢，成了胆小怕事的懦弱者。

所谓成功，就是要打破那些所谓的规则，敢于尝试、敢于行动，做与众不同的人。只有突破那些规则的限制，用创新思维去思考，走与别人不同的道路，才能有获得成功的可能。

我们都知道的天才发明家爱迪生发明了电灯。不过爱迪生并非一开始就被人视作天才的。爱迪生小时候的家境并不富裕，为了自谋生计，他不得不在12岁开始就进入社会工作了，因为年龄幼小，加上能力不够，他只能做一些服务员、报童的工作。

不过爱迪生并不认为他的人生应该"听天命"，于是在工作之余他也没有放弃过自学。后来，他的生活稳定一些之后，他就开始从事电学方面的研究和发明。最开始，他发明了一个选票记录仪，但是并没有被国会采用，之后他便在发明之前先考虑实用性。之后他发明了炭粒话筒，以便电话在接听的时候有较高的音质。

再后来，他还成立了自己的实验室。他的实验室里有一批专门的人才，他负责分配任务，然后所有人共同努力。电灯和留声机就是在这个实验室当中诞生的。

不过爱迪生善于打破规则的表现并不仅仅在发明这件大事上，他日常生活中就有很多方面。有一次，他让一个研究人员测算一个不规则灯泡的容积。这名研究人员是一名高材生，他在接到这项工作之后信誓旦旦地表示如此简单的事情他很快就可以解决。可是两个小时之后，爱迪生还是没有接到答案，他只好前来询问，来到这个研究人员的办公桌前，他看到桌子上铺满了纸张，上面是各种各样的公式，而这个研究人员还在满头大汗地列公式计算。爱迪生摇了摇头，找来一杯水，将灯泡灌满，然后将水倒出来测算水的体积，不过几分钟的时间答案就出来了。

当我们被所谓的规则限制，我们的思维也会被限制，无法从别的角度思考问题。慢慢地，我们失去了思考的能力，失去了探索的本能，只能按照规矩来行事。想要有所突破，我们必须打破

规则，让思维活跃起来，如此你的想法才能层出不穷。

上面那个故事，研究人员用公式测算灯泡的容积，这本属于常规。但很显然，这条道路是行不通的，不能尽快实现目的，甚至不可能实现目的。这个时候，为什么不打破常规，从另一个角度思考问题？爱迪生打破了规则，放弃了这一种愚蠢的办法，轻而易举地完成了难题。难道这还不值得我们反省吗？

只要我们仔细观察就会发现，虽然自然界有自己的规则，但并非全部的动植物都是按照规则来活的，总有打破常规的存在。花儿应该在春天开放，可梅花偏偏生在严寒之中，在风雪中绽放属于自己的美。正因为如此，梅花自古以来才被文人骚客赞颂，才被无数人欣赏。大自然制定的绝对规则尚且可以打破，那么我们人世间又有什么规则是绝对的呢？

诚然，打破规则可能会付出一定代价，可能面临失败的结果。但是我们也应该记住，凡是成功的人绝不会是不敢突破的"老实人"，而是敢于创新的"不守规矩者"。这个世界就像是一座金字塔，1%的人敢于打破规矩，那剩下的99%只是按部就班。所以，站在金字塔顶尖上的，永远都是那1%的勇敢者。

塞吉诺·扎曼就是属于前者。

20世纪末的时候，可口可乐公司与百事可乐公司之间竞争非常激烈。为了突破瓶颈，可口可乐公司的塞吉诺·扎曼打算对产品进行革新，以获得竞争的优势。于是，他改变了固有的模式，宣传"新可口可乐"。只不过在这件事上他犯了一个错误，就是他为了让产品革新，将原来可口可乐当中的酸味去掉了，加强了甜味。他认为这是一种全新的产品，可大众早已经习惯了可口可乐的味道，所以他的革新不仅没能挽回局面，反倒给公司造成了巨大的损失。

新可口可乐成了灾难，不得已，原来的可口可乐只能重新回归。而塞吉诺·扎曼无法忍受周围人的口诛笔伐，只能选择离职。

但是他并没有就此消沉，而是在一年之后他和另一个人合伙开了咨询公司。虽然新公司在一个地下室里，办公设备也仅有一台电脑、一部电话和一台传真机，但扎曼还是相信自己敢于突破常规是没有错的。很快，许多著名的企业开始与他合作，扎曼的咨询公司有了很多大客户。而他的信条始终如一，那就是打破常规，敢于冒险。虽然在可口可乐公司的冒险失败了，但是之后他提供的很多打破常规的策略都帮助一大批企业有了新的发展。

在扎曼的事业越来越好的时候，就连老东家可口可乐公司也摒弃前嫌，向他咨询，甚至于请他重回可口可乐公司工作。可口可乐公司的总裁也认为之前因为一个错误便让扎曼离职是一个巨大的错误。

所以说，打破规则，可能让我们面临困境，甚至是失败。但是，如果畏惧改变，一直固守那些所谓的规则，那我们更难成功。因为它会让我们失去勇气，失去创新，更失去机会！

既然我们面对的是一个未知的世界，那为什么不突破自己呢？

再复杂的问题，其实也可以简单解决

做什么事情，如果只想不做，那么很可能一无所获。反过来也一样，若是想得太多，则很可能让自己陷入麻烦之中。

很多时候我们都是自作聪明，认为做事应该稳妥些，如此才能保证万无一失；认为事情没那么简单，自己必须考虑全面些。甚至有些人认为只有通过复杂的解决方式，才能证明自己的实力和价值，才能超越其他人。

可仔细想想看，真的有这个必要吗？回答这个问题前，我们不妨看看这个故事：

有一家世界500强企业向社会公开招聘，无数年轻人蜂拥而至，想要得到这个宝贵的机会。所有人都做好了充分准备，以应对面试官的问题。可令大家都大跌眼镜的是，这个问题非常简单：10减去1等于几。

怎么可能这么简单？这道考题肯定有什么深意或陷阱。这是所有面试者的心声，于是他们开始思考如何回答，思考考官的目的，思考如何给出更漂亮的答案。有人要了小聪明，回答说："你希望它是几，结果就是几。"也有人为了展现自己的聪明才智，想了很久之后开始长篇大论："10减去1如果等于9，那就是消费；10减去1如果等于12，那就是经营；10减去1等于15的话那就叫贸易；若是10减去1等于20，那就叫金融；如果10减去1等于100的话，那就是贿赂了。"

不过这些自以为聪明的答案都没能让主考官展开笑颜，只有一个人给出了最简单的额答案："10减去1等于9。"很多人都露出嘲讽的笑容，可主考官听后，却露出赞扬的表情，继续问道："为什么呢？"

这个人回答说："从数学的角度来说，10减去1就等于9。这是毋庸置疑的答案，为什么要把问题想得那么复杂呢！"

听了他的回答，主考官笑着说："没错。虽然各位的回答很精彩，可我更欣赏这位考生的答案，因为我们公司的宗旨是不能把简单的问题复杂化。"

或许是现如今的环境太过复杂，所以很多人不再用简单的方式去思考问题，反而是把一个简单的问题变得非常复杂，复杂到我们甚至无力去解决的地步。可事实上，这根本不是解决问题，而是制造更多的问题。

更为重要的是，想得太多，容易让人犹豫不决，产生消极心态；想得太多，容易让人把问题复杂化，陷入思维的死胡同出不

来。让一个人妄想把所有问题都考虑周全，问题和选择就会把问题无限扩大，然后它们会折磨着我们的脑神经，让我们不得不妥协或者放弃。

在现实生活中，有的人每天都会萌生很多好点子，只要能够抓住机会，勇敢去尝试便可以获得成功。可是他们想得太多了，认为只有把每一个环节都设想好，把所有的条件都准备好才能行动。于是，他们越想问题越多，越计划困难越多，这些问题和困难拖住了他们的步伐，更让他们失去了机会。

所以说，遇到问题或是计划做什么事情，不要企图把所有事情考虑周全，挖掘出问题的本质，用最简单的方法去解决才是最好的办法。就算你考虑得不够周全，你也能领先于他人，抓住先机。

麦肯锡发明的"30秒钟电梯理论"，就是不管什么事情都要在最短的时间里交代结果，任何事情都要抛开细枝末节，直奔主题。不要因为某种原因把问题想复杂，不要考虑细枝末节，这些都会为自己平添麻烦。

而这是麦肯锡从一次失误中得到的教训。那一次，在为一家大企业做完咨询工作之后，项目的负责人在电梯当中偶然遇到了对方的董事长。

因为电梯离地面还有一段距离，董事长随意问道："请问现在这个项目的结果如何了？你能够跟我大概说一下进行情况？"这个负责人之前并没有想过在电梯中要汇报工作，所以并没有准备，更何况整件事如果说起来，电梯从30层到1层这一点点时间很难把事情交代清楚，甚至于连从哪个方面入手他都抉择不出来，所以他支吾了半天也没能说出什么来。

因为考虑得太多，这位负责人错过了与对方汇报的机会。而在对方看来，这是麦肯锡公司办事不力，于是在下了电梯之后，他决定不再与麦肯锡公司合作。如果负责人直接告知对方结果，而不是考虑把所有事情交代清楚，或是考虑从某个方面入手，那么结果就会大不一样。

所以，任何复杂的问题其实都可以简化的。顾虑太多，永远不能迈出向前突破的艰难一步。不要让自己的思维陷入死胡同，把问题简单化，寻找最佳解决途径，如此才能获得成功。

思维最好比时代更先进

从改革开放之后中国经济的发展轨迹来看，人们至少有六次以上的良机致富。有的人与时俱进，抓住了某一次机会取得了成功。

可是，更多的人错过了一次又一次机会，究竟是为什么呢？是他们太笨吗？是他们不努力吗？还是他们运气不好？都不

是！最关键的原因在于没有敢于尝试的勇气，更没有与时俱进的思维。

不妨看看这六次机会：

第一次是在20世纪80年代初期，那些被主流国有经济拒之门外的人成了中国第一批个体户，那时候也被称为"投机倒把分子"。但就是这些人，率先成了中国第一批"万元户"；

第二次是在90年代初期，股票刚刚发行，但大部分人对这一新事物都不了解，因此很少有人敢去接触。那时候为了推销股票，政府甚至强行要求各个单位的领导干部都必须购买股票。后来呢，几乎所有股票一上市都开始疯涨，那些被"强迫"购买股票的人，一夜之间就莫名其妙成了百万富翁；

第三次是在90年代中期，继股票之后，期货出现了，又一群"胆大"的人从怀揣几百块钱的穷小子摇身一变成了百万富翁。当然，也有很多人贪心不足，没有见好就收，从百万富翁赔成了穷光蛋；

第四次是在90年代末期，股市迎来了大幅度的上涨，那时候的社会观念普遍认为炒股就是一种"不务正业"的行为，很多炒股的人都被人看不起，但就是那些人，在股市中收获到了巨大的财富；

第五次是在2000年初，互联网时代来临，对于这个新东西，依旧很多人都没兴趣了解，也不敢触及，但在那个时期，不管是开网络公司还是买网络股，甚至开网吧的人，赚个千八百万并不是难事；

第六次是在2000年到2007年之间，房地产市场大热，那时候房价还很便宜，一部分人开始炒房炒楼，但同样，依旧有许多人因为种种原因并没有投入其中，毕竟那时候房地产市场发展的前景还并不是那么清晰，而现在呢，看看飞涨的楼价，老百姓再想投入其中，恐怕已经不可能了。

……

每一次新机遇的到来，一些人都在犹豫，都在想："这是新事物，没人尝试过，我还是等等吧！""我不了解这个事物，要是失败了，怎么办？""这会不会是一场骗局，我可要小心！"结果，等到别人成为富翁，他们就只能后悔、感慨。

真正想要成功的话，我们不能只看到别人的成功，而应该学习成功人士的思维，按照成功人士的思维去思考问题，而不是一直局限于自己落后的思维中。

美国《财富》杂志和《福布斯》杂志访问比尔·盖茨时问了他这样一个问题："比尔，身为世界首富，你到底是如何成就这一切的？我想也许只有你才可以告诉世人成为世界首富的秘诀。"比尔·盖茨淡淡地答道："事实上我之所以成为世界首富，除了知识、人脉、微软公司畅销的软件之外，还有一个前提，是大部分人没有发现的，这个关键词就叫作眼光好。"

为什么比尔·盖茨比别人的眼光好，就是因为他能与时俱进，敢于走在时代的前沿，敢于尝试别人不敢抓住的商机。他的思维比任何人都活跃，他不惧怕任何新东西，更不会因为固步自封而守着旧东西，反而还会创造出新东西，引领时代的发展。

所以说，思维的不同、眼光的不同，造就了成功者与失败者际遇与命运的不同。想要获得成功，我们需要拥有与时俱进的思想，敢于尝试的勇气，最好让我们的思维比时代更先进。

第四章
你的观念，
将决定你活成什么样子

　　如何去创造财富？如何正确对待钱？这是我们必须要思考的问题，也是决定你活成什么样子的关键。

财富贵在流动，而非死守

俗话说："舍得舍得，有舍才有得，不舍不得，小舍小得，大舍大得。"这是一种人生智慧，更是一种赚钱思维。

其实，很多成功人士能够赚取财富，并不是只有眼光和谋略，更重要的是他们与我们思考问题不同，对于金钱取舍的意识更不同。他们懂得财富在于流动，而不是死守，所以敢于舍得眼前小利，以谋取更大的利，敢于舍弃眼前的小鱼，以便放长线钓大鱼。

从亚马逊上市开始，华尔街始终有人说亚马逊是一个笑话、预测亚马逊很快会破产，因为不管谁问贝索斯"你打算何时赢利呢？"他的回答总是："不知道，我还没想过赚钱，我们只想继续烧钱"！

事实上，亚马逊一直致力于"烧钱"，把赚到的每一分钱都想办法花掉。自创立到2016年底，亚马逊在22年里累计总赢利87亿美元。然而，《华尔街日报》时常登文称，由于亚马逊大幅增加开支，导致该公司第三财季大幅亏损，亏损额再创造新高，全世界市值超过一千亿美元的公司没有几个能让自己的经营状况出现此现象。既然亚马逊的营收十分出色，为什么净利润没有暴涨？我们不仅要问，亚马逊赚的钱

究竟去哪里了？其实反观亚马逊二十多年的长征路，就会发现它一贯的风格就是投资、投资、再投资，而贝索斯更是以"烧钱大王"而出名。

贝索斯最直接的烧钱方式之一就是降价。传统商业公司中最多只让1/3的库存商品打折，比如沃尔玛平均只给18%的商品打折，但亚马逊库存商品中平均有66%的商品有折价。烧钱方式之二是低收邮寄费，在最大程度上给客户优惠。比如1997年时，亚马逊从客户收的邮寄费平均是实际邮寄成本的1.25倍，也就是他们那时候从邮寄费中只赚25%，这已经是非常低的利润了，但后来他们又改为在邮寄成本中倒贴55%，可以看出，其实一半以上的邮寄成本由亚马逊倒贴！

贝索斯最长期的烧钱方式是在后端基础建设投入了大量资金，用于建设电商平台、物流仓库等。据相关报道，仅仅2011年，亚马逊在技术和内容上就花费了多达7.7亿美元，这个数字比2010年增长了74%。而且亚马逊还投资17亿美金在"固定资产，包括内部使用的软件和网站建设"，这个数字也比2010年翻了一番。

那么，贝索斯这种"烧钱"式投资使得亚马逊陷入困境了吗？让贝索斯面临破产了吗？并没有。

亚马逊的财务指标的确不太好看，但其用户满意度却远超传统商业对手，而且在最近这些年美国零售增长不多、电商增长高峰期已过的背景下，亚马逊却一直强劲增长。2016年销售额还是同比增长31%，2017年亚马逊股价突破50亿美元，创下历史新高，贝索斯晋升为世界首富。

现在还有人笑话贝索斯可能破产吗？当然不会。贝索斯之所以"烧钱"，就是为未来投资，是舍小利逐大利。就是因为他舍得小利，没有被眼前小利迷惑，所以赢得了亚马逊长期良好的发展。

早在几千年前孔子就说："见小利，则大事不成。"在意眼前的利益，为了赚取小钱而斤斤计较，很难赚取更大的财富。死守着金钱，忽略了对未来的投资，很难打开财富的大门。所以，我们需要把自己的眼光放得长远些，深谙"舍得"的思维，如此才能走得更远。

钱不"动"，就是"不动产"了？

培根说："钱财是有翅膀的，有时它自己会飞去，有时你必须放它出去飞，好招引更多的钱来。"

特别之人和一般人的差别不是能力的差距，而是思维方式的不同。在现实生活中，很多人总是惦记着自己的口袋里的钱，思考着这笔生意赚了多少钱，那笔生意存了多少钱；思考着存钱能让钱增值，节省能让钱增值。可特别之人就不一样了。他们绝不会心心念念想着自己口袋中的钱，更不会思考如何省钱和存钱，而是想尽办法让钱流动起来，以便赚取更多的钱。

结果，一般人依旧是一般人，没有因为节省和存钱而变富有。因为把钱存起来不外流，就不可能用钱生钱。若是遇到通货膨胀的话，钱还可能贬值。特别之人则越来越富有，因为他们懂

得用钱投资，用小钱生大钱。

简单来说，让钱流动起来，让钱生钱，是赚取财富的最好办法。

迈克·戴尔是戴尔电脑的创始人，目前戴尔电脑是全世界最著名的电脑品牌之一，为客户提供了最佳的服务和产品，销售额达到了300多亿美元。而事实上，迈克·戴尔在年轻时就具有与常人不同的思维，懂得用钱来投资。

1980年，19岁的迈克·戴尔还在上大学的时候，靠自己倒卖电脑配件赚到了1000美元。他在日记中写道，要用这1000美元做以下三件事：

第1件事：举办一次不为世人所知的酒会；

第2件事：买一辆二手福特轿车；

第3件事：成立一家电脑销售公司。

第二天，迈克·戴尔就用这1000美元注册了一家电脑销售公司，以代销IBM(国际商业机器公司)电脑的配件为主业。一年后，他开始组装电脑，并推出了自己特有的品牌。由于可以采购世界上各家电脑公司的配件，使各个档次的用户都能得到满足，很快戴尔电脑便成为当时最热销品牌。

迈克·戴尔并没有像其他人一样，将所挣得的1000美元存起来，因为他知道即便如此，自己也得不了太多收益。他用这1000美元来投资，做自己想做的事情，果然，由于他头脑聪明、善于经营，用这1000美元获得了巨大的利润。

试想，若是迈克·戴尔像其他人一样，把钱存进了银行，那么今天我们很可能就看不到戴尔这个品牌了。而迈克·戴尔也无法成为在计算机领域甚至整个世界赫赫有名的人物。

现实生活中，所有人都知道怎么赚钱，有的人靠努力工作，有的人靠做生意，有的人靠理财和投资。但是，并不是所有人都知道怎么赚取更多的财富。想要赚取财富，我们首先应该正确地认识钱，然后让钱流动起来。让钱越快流通在社会上，财富增值就来得越快。因为钱本身其实是没有任何价值的，只有在流动的时候，才会体现出它的价值，也就说，你必须要将你的钱去买等价东西，为你创造价值，才能体现出钱的价值，否则它和普通的白纸没有任何区别。

看看施瓦辛格事业起步的例子，你就会更加深刻地记住这一点。

施瓦辛格生于奥地利一个很普通的家庭，父亲是一位警长。15岁时，身高1.85米，体重只有68公斤的瘦小子施瓦辛格，对举重健身产生了狂热的兴趣。他的偶像是美国健美先生力士柏加。每天施瓦辛格都梦想着成为力士柏加主演的雄赳赳、气昂昂，肌肉健壮的男子汉。

而年轻的施瓦辛格不是一个空谈的人。他花尽零用钱，搜集了在奥地利可以买到的美国健身杂志。他一方面努力学英文，一方面到处请人帮他翻译这些杂志的文章，以了解健身的原则。他还去做"童工"，赚到的钱，用来买健身器材。

在当年的奥地利，健身被视为粗鲁不雅，畸人之举。因此施瓦辛格的行为受到父母的大力反对。但他的志愿、欲望

与意志力，都是锐不可当的。无论家人怎样阻挠，无论人家怎样视他为怪物、不正常，他还是我行我素，追求"健美先生"的理想。

他被征入伍之后，仍然不放弃健身。他还情愿被罚，偷出军营，参加"少年欧洲先生"的选举，并得了冠军!兵役服完之时，施瓦辛格已经拿了四项健美先生的奖项。

有了奖金，加上雄心壮志，他便写信给偶像力士柏加。柏加有感于这位遥远国度年轻人的热诚，竟然邀施瓦辛格到他美国的豪宅一游，并且亲自将健身的窍门传授于他，令施瓦辛格的进步一日千里。

此次的美国之游，在施瓦辛格的心底燃起一股扑不灭的火种。他决心到南加州，也即是当时的"健身圣地"定居，扬名异域，闯一番事业。因为他的热忱，受到美国健身界的"教父"韦特赏识，答应让他在南加州受训。

从此，施瓦辛格的威名，随着他那不断膨胀的肌肉，在美国传开了。他得了一届国际先生、三届环球先生与连续六届奥林匹克先生荣誉。

施瓦辛格获得了成功。他在演艺界成就了事业，不仅是一个炙手可热的电影演员，而且是一个有地位的电影制片人，被视为好莱坞最有势力的人之一。这得归功于他一开始就把有限的金钱用于健身的锻炼之上。而且，他把早年经营地产的钱用来投资电影制作，从而取得了更大的成就。事业的成就给他带来的副产品是——10亿美元的动产和不动产。

想要成功，就不要局限于自己落后的思维，挣了钱之后，觉得自己的钱得来不易，把存钱和省钱看成是最重要的事情。其实，这是错误的思维，可能让我们的财富贬值，甚至让我们失去赚取财富的机会。

让你的钱流动起来，而且越早用于投资，你越能尽早打开财富的大门。

别把眼睛紧盯在当前利益上

这个世界有很多特别之人，也有很多一般人。那些一般人之所以富不起来，不是因为能力低，没有机会，而是因为目光短浅，把眼睛紧盯在眼前利益上。

比如买股票，一看到市场股价暴涨时，就随时抛掉手中所有的股票，赚取这一高峰的暴利。他是赚了一定利益，却错过了更好的时机，结果只能后悔地捶胸顿足。可若是遇到类似的情况，他们依旧会如此，不能从长远分析股票的趋势，只凭借一时的涨跌买进和抛出。试问，这样的人怎么能获取财富？

想要赚取财富，我们必须保持清醒的头脑，不被当前的利益所诱惑。当你真的舍弃眼前利益，能够拥有长远的目光之后，你就会发现有意外惊喜等着你！

1984年的时候，张瑞敏刚接手海尔集团，这时候的海尔是一个亏损147万元的冰箱厂，非常地需要资金。于是1985年，张瑞敏领导的海尔集团狠下心从德国引进了世界一流的

冰箱生产线，生产了高质量的冰箱，但随后有顾客反映冰箱的质量存在着一些问题。随后海尔集团给用户换了冰箱以后，对全厂的冰箱进行质量大检查，发现库存有76台冰箱都存在问题，虽然都不是什么大问题，但非常影响海尔的品牌。张瑞敏决定要砸掉这76台冰箱，唤起员工们对质量把关的意识。

当时人们的生活水平不高，76台冰箱意味着当时几百号人多年的收入。如果砸掉了冰箱，真正丢的全部是钱啊！厂里的职工对砸冰箱非常有意见，有人主张低价出售卖给职工，也有人主张修好重新投入市场。但张瑞敏铁了心，抢起大锤当众砸掉了第一台不合格的冰箱。

张瑞敏也知道这76台冰箱全是钱啊，可是如果不这么做的话，将来还会有多少台这样的冰箱出现呢？正是由于这一砸冰箱的举动，海尔赢得了消费者的信任，也为自己赢得了口碑。如今的海尔是世界白色家电第一品牌，产品涉及冰箱、空调、洗衣机、手机、家居等等，用户遍布全世界100多个国家和地区。

试想，若是张瑞敏当年不舍得这76台冰箱，那么当时就可能有更多不合格冰箱的出现，之后就难有海尔的辉煌成绩。

生活中，很多人为了当前的利益，而做下了得不偿失的事情。他们或是急功近利，急于想要赚取一大笔钱；或是为了眼前利益而盲目冲动，头脑一热就做出了错误的决定。

这些人不知道如此做的后果吗？不，他们很清楚，但是却被利益和金钱蒙蔽了双眼，才做出了大胆的事情。比如2008年的三鹿奶粉事件，企业和管理者就是因为被利益蒙蔽了双眼，做出了损害消费者利益的事情。再比如，国美的黄光裕，就是为了上市的利益，做出有损市场正常发展的事情。这些人目光短浅，虽然得到了小利，但是得不到永远的富足。相反的是，他们只会越来越贫穷，道路越走越窄，甚至为自己招来祸端。

所以，在追求财富的道路上，我们不能只盯着眼前和利益，而是应该抬头看看远方，彻底摆脱短视，才能走上致富之路。

贪得无厌，只会让成功越走越远

每个人都希望能够赚取更多的财富，但是对于财富的渴望不代表着对金钱贪得无厌。一个人一旦贪得无厌，只会离成功越来越远，并且让自己带来更多的痛苦。

也许你会说，犹太人赚钱永远没有够，难道他们没有贪欲吗？

事实上，犹太人虽然渴望财富，但是他们并不贪婪，对于金钱的追求只是单纯地为了获取财富。他们爱赚钱、想赚钱，是为了享受赚钱的过程。因为他们懂得，贪欲并不能让自己获取更多的财富，收获更多的幸福。即便它能带来一定的财富，然而也是短暂的，终究会让自己失去。从长远的角度来看，这失去是大于收获的。

　　犹太人加利是一个乐于助人、乐善好施的人。在他看来，一个人给予别人的帮助越多，他最后得到的也会越多。因为加利的这一优良品质，所以当地的人们都喜欢和他交朋友。

　　当然，像加利这样的人毕竟不是多数，一个叫罗伯特的煤商就是个贪欲无边、非常吝啬的人。罗伯特不仅不愿意帮助那些穷苦人家，还经常挖苦别人没有赚钱的本事。他的行为招来很多人的恶评，导致很多商人不愿意和他做生意。

　　这一年的冬天非常的寒冷，初冬时节便已下起纷纷扬扬的大雪。由于天气冷得实在太快，犹太教堂根本还没有来得及准备煤来应付这个寒冷的冬天。于是，有人提议让煤商罗伯特捐些煤。可是他们先后几次给罗伯特写信都没有回复，于是，他们想到了加力，希望加力帮他们弄点煤来。

　　对于罗伯特这个人，加利早就清楚，知道他是个贪婪的人，要想让他捐煤根本是不可能的事。不过，加利觉得自己有一个方法可以一试，于是就给罗伯特写了一封信，信中说，希望罗伯特能给教堂捐10车皮煤。

　　罗伯特收到了加利的来信，看完信中的内容后，果然如加利所料，他很不高兴。不过，由于加利跟他有生意方面的往来，所以他也不想就这样不把对方当一回事，于是回信说："由于我们这里没有募捐的先例，所以这次我们也不能破了先例。不过，既然教堂需要，那我们可以半价卖给你们10车皮煤。"

　　该教堂表示同意，表示先要5车皮煤，其余的以后再说。

罗伯特叫人马上就把5车皮煤运到了教堂。可是教堂收到煤以后，就没有了下文。

3个月后，罗伯特就写了信催促教区付款。没几天，他收到了教区的回信："……您的催款书我们无法理解，您答应卖给我们10车皮煤的价钱减掉一半，5车皮煤正好等于您减去的价钱。这5车皮煤我们要了，那5车皮煤我们不要了。"

看完教区这封信，罗伯特非常愤怒，他知道自己上当了，但又无可奈何。为了自己的贪欲，他付出了不小的代价。

喜欢金钱没有错，但是如果把对钱财的获得和占有变成一种贪婪，那么就是一种病态了。我们应该用正确的心态来看待金钱，用正当的手段来获取金钱。若是为了金钱，总想着贪小便宜、急功近利，甚至不惜利用不正当的手段，那么只能身败名裂。虽然你渴望财富，但是也要清楚，绝不是什么钱都能赚的，一时的贪念，很可能会毁了你。

同时，我们也不能把金钱看得太重，放不下对金钱的执念。否则，金钱就会成为你的负累，你的人生也不可能快乐。

尼古拉总是无精打采的，觉得生活没劲透了。可他又不甘心一直这样下去，于是就找到一个智者帮自己寻求点解脱的办法。

当他如愿以偿地来到智者面前，跟智者说了自己前来的原委之后，只见智者微笑的地对他点头，然后给他一个篮

子，并把他带到一个富丽堂皇的世界当中去。智者对他说：
"可以往篮子里放任何自己喜欢的东西。"

尼古拉开心极了，他想这下自己该有享不尽的荣华富贵了，以后再也不会苦恼了。不一会，他就把篮子装得满满的。此时他只是遗憾地认为，篮子太小了，还有那么多自己喜欢的东西没有装下呢。

眼看着那么多诱人的宝贝还没装下，尼古拉只得把之前装进来的东西丢掉一部分，然后再装他认为更值得的东西。他就这样一直装上，丢下，再装，再丢……

后来，智者问尼古拉是什么感受。他苦着脸说："我现在觉得越来越重了，连走都走不动了！"

智者笑着对他说："知道这是为什么吗？就是因为我们的贪欲太强了，心里总是不能满足，才会不停地给自己加负担。如果你懂得适时地克制，不要握着你认为的宝贝不撒手，那么你就会变得轻松了。"

智者说完，便消失了。而尼古拉似乎也悟出了什么道理，此时的他抬起头再看这些华贵的东西时，忽然觉得它们和自己曾经生活里的东西并无二致了。

为什么尼古拉不快乐？因为他被金钱所累，被内心的贪欲所牵绊，以至为了满足内心所需而不断地给自己加重追求的砝码，到头来却落得不堪重负的地步。

我们需要正确地认识金钱和财富，对金钱保持着平常心。理性看待金钱，我们才不会痴迷于金钱，被内心的贪婪所累；渴望财富，但是用自己的聪明和才智，用正当的手段去获取，我们才能真正地获取财富。

勤劳致富，善于思考

相信大家都看到《富爸爸，穷爸爸》这本书，主人公有两个爸爸，一个穷爸爸和一个富爸爸。两个爸爸事业都非常成功，而且拥有丰厚的收入。但是，穷爸爸和富爸爸给孩子的教育是不一样的。

穷爸爸教育孩子，要好好学习，将来才能找到一份好工作。富爸爸教育他，好好学习，将来发现好公司并收购它。穷爸爸告诉孩子，只有自己好好努力，才能找到工作，才能有好的生活。富爸爸则给孩子灌输一种思想，那就是不论是挣钱还是富裕，都是要将观念变过来。

结果，主人公听从了两个爸爸的建议，最终成了最富有的人之一。

这个故事告诉我们，成功离不开努力，但是不是所有的努力都能成功，还要善于思考。

我们身边不乏这样的人，他们工作非常努力，做事非常勤奋，每天都在公司里加班，即使不在公司加班，在周末也利用空闲时间完成公司的任务。他们每周工作时间高于平均正常工作时间三分之二以上，可是收入却低于平均收入的60%。

更有甚者，有的人不仅会勤劳的完成公司交代下来的任务，

还会在正职之外兼职做其他工作。可是为什么他们如此拼命工作，还是不能取得更好的成绩，获得更多的财富呢？其实，并不是他们能力不足，而是他们只蛮干，而不会巧做；他们只知道努力去工作，却没有思考去找正确的方法。

不信看看下面这个例子吧！

有一家外企在通知了很多拥有高学历的人来面试，面试的题目就是让他们在最短的时间内，计算出他们现在所在这间办公室的体积是多少，并且办公室的桌上放了一些测量工具，旁边甚至还有一把梯子。

在知道题目后，大家马上争先恐后地抢起桌上的测量工具来。可是尺实在太短，梯子也太矮，还有一些人根本连体积怎么算都有困难，想算出精确结果实在不简单。

没想到三分钟后，有一个只有本科学历的应征者敲开面试官的门，告诉他一个数字，面试官大吃一惊："你怎么这么快就知道正确答案？"

应征者回答："我在大家手忙脚乱的时候，走出办公室，直接去行政管理部门查询。"

当然，这名只有本科学历的应征者，顺利被应聘了，而那些研究生却不得不继续找工作。

这个事例告诉我们，并不是勤奋就一定是对的，我们要找到正确的解决方法，这样就能事半功倍。挣钱也是一个道理，很多人用储蓄的方法，想要达到致富的目的，我们不是说储蓄不可能致富，但关键是要懂得找到方法。因为有的人存钱存了一辈子，却没有人家十年存钱所获得的利息多。这能说人家不勤奋吗？可是一辈子都在存钱没有放弃过呢！所以只要我们找准方法，相信谁都可以找到自己的发家致富的方法。

规则是人定的，不同的时代和场合，要有不同的方法适应，对于那些从一出生就拿到一副差牌却又成功逆袭的人来说，就是因为他们能适应，能聪明的做事，他们从来就不相信光靠"勤劳"就可以让他们身价上亿，重要的是他们去研究怎样才能让上亿的财富属于他。

洛克菲勒说过这样的一段话："即使你们把我身上的衣服剥得精光，一个子儿也不剩，然后把我扔在撒哈拉沙漠的中心地带，但只要有两个条件——给我一点时间，并且让一支商队从我身边经过，那要不了多久，我就会成为一个亿万富翁。"洛克菲勒并不是说说而已，他拥有出色的眼光和与众不同的思维。

所以说，我们需要明白，致富的关键，一半努力一半头脑。只有靠自己的头脑，找出方法，才能找到致富的诀窍。

不要总以为只要自己努力，就一定会获得成功和财富。改变自己的思维，找到正确做事的方法，并且始终聪明地做事，如此才能让自己的努力和勤奋有所回报。

打理好钱袋子，才能学会正确理财

现在很多年轻人总是存不下钱，这与他们缺乏理财观念是分不开的。比如有的人刚领的工资，还完信用卡，就没了一大半；

有的人喜欢买买买，看到漂亮的衣服、鞋子就忍不住买，看到别人去旅游也忍不住跟风……

对于这些年轻人来说，赚到钱之后，第一个念头不是用它来投资理财，而是去消费。所以他们始终是一般人，想致富也简直是痴人说梦。苏青便是如此。

苏青工作不错，收入也非常可观，是一个月收入过万的都市小白领。可是，她现在依旧是个"月光族"，到了月底连一分钱都剩不下，有时还可能需要借用信用卡周转。

苏青时常问自己：我现在工资挺高的，为什么和2000元月薪的生活没任何变化，究竟为什么呢？她看到身边的同事一个个买房，苏青心里越来越不是滋味。看看苏青的开销，我们便知道这其中原因了：每个月房租1200元，父母赡养费1000元，电话交通费600元。

接下来是重点，每个月服装费要3000元左右，看到漂亮的裙子就想买，基本在上千元左右；每个月化妆品费要2000元左右，当然并不是每个月都花费掉，而是她时常买大牌化妆品，每年的花销折合每个月两三千左右。除此之外，还有看电影、游玩、偶尔和朋友吃饭应酬的花销也不少。

所以，尽管苏青赚的钱不少，但是个地道的"月光族"。苏青没有理财的意识，却有超前的消费意识，她管不住自己的欲望，随时随地都在消费，所以有多少钱就花多少，甚至严重超额支出。现在她还可能正常地维持生活，可一旦失业，那么生活就得不到保障。

其实这种现象很普遍，像苏青这样的人不在少数，要想改变这一状况，在得到收入后，就要懂得节俭与理财。

俗话说："你不理财，财不理你。"巴菲特也说过，我们一生所能积累的财富不在于我们赚多少，而在于我们如何投资理财。事实上这个观点很多有钱人都是非常认可的，我们不仅要靠自己的努力挣钱，更要靠头脑去投资理财。不管你赚钱多少，若是没有理财意识，学会管好自己的钱袋子，那么只能是穷困潦倒的人。

一般来说，我们需要规划支出费用，合理分配衣、食、住、行、娱乐、保险等项目。合理的支出比例应该是：一个月服装的支出控制在10%以内，食10%、住35%、行15%、娱乐10%、保险5%。这样算来，如果每个月收入1万元，还能够节省下1500元来投资。

除此之外，我们还应该懂得节俭，不管有多少钱都应该节省着花。只要我们仔细观察就会发现，越是富有的人，越懂得节省的重要性，就连洛克菲勒都是如此。他绝不会乱花一分钱，还经常对人们说："紧紧地看住你的钱包，不要让你的金钱随意地出去，不要怕别人说你吝啬。你要确保，你的钱每花出去一分都要有两分钱的利润的时候，才可以花出去。"

然而能明白这个道理的人少之又少，很多人认为有钱人就应该过奢侈的生活，毫无节制地消费，甚至是毫无休止地浪费。

　　富兰克林的一个朋友是个有钱人，他买了一所大房子，邀请富兰克林前去参观。只见这房子的起居室非常大、非常豪华，足够召开几十人的会议。富兰克林问他的朋友，

为什么把自己的起居室弄得这么大？他的朋友回答说："因为我有钱啊！我想弄这么大啊！"

接着，富兰克林参观了饭厅，饭厅也非常大和豪华，足可以做为酒店的大堂。富兰克林又问他的朋友，为什么把饭厅设计得这么大？他的朋友依然神气地回答："因为我有钱啊，我就希望这么大。"

这让富兰克林感到非常愤怒，他对这个朋友说道："那你为什么不为自己戴一顶50人都戴得下的帽子呢？你干吗戴这么一顶小帽子呢？你不是有钱吗？"

铺张浪费，应该是坚决杜绝的。即便这个朋友很有钱，也不能大手大脚地花钱。如果他不能打理好自己的钱袋子，合理地利用钱财，那么再多的钱也禁不住无计划的挥霍，很可能从富人沦为穷人。而若是穷人依旧不懂得节省，反而把辛苦赚来钱浪费掉的话，那么永远也是成不了富人的。

当然，我们提倡管理钱袋子，并不是说为了省钱和存钱而降低生活质量，而是学会合理地理财。只有学会如何理财，才不会让自己面临窘迫的局面，才能用钱"生出"更多的钱。

懂点经济学，避免投资风险

现在很多人抱怨，为什么挣钱那么难？为什么别人投资可以大赚一笔而我却总是赔钱？是这些人能力不足，还是缺少机遇？

其实，关键在于他们没有养成良好的投资习惯，不懂得经济学知识。

在这个时代，无论是理财、投资还是规划自己的事业，都需要懂一点儿社会经济学。只有如此，才能轻松获得挣钱的机会，牢牢抓住属于自己的那份财富。

可很多人也说，经济学那么深奥，我们怎么能轻易弄懂？如果你这样想就错了，经济学并非我们想象的那般深奥、枯燥，它与我们日常生活紧密相连，只要我们能仔细地分析和研究，便可以利用它为自己创造财富。

比如，每逢股市出现大跌或大涨的局面时，总能听到很多投资者大赚一笔的消息，不是因为他们运气好，而是因为利用经济学知识，及时逢低补仓、高位卖出。他们拥有投资方面的知识，更拥有经济学的眼光，所以能看到未来市场的发展形势，抓住赚取财富的机会。

可以说，生活中的经济活动都属于社会经济学的范畴，只要我们能够用心观察、学习，就能懂得一些社会经济学知识，从而在生活中发现未来的投资方向。

20世纪40年代，王永庆抓住中国台湾经济腾飞的机会，认为建筑行业将会迅速发展，果断决定由蒸蒸日上的米店经营向木材行业投资，结果大赚一笔。

无独有偶，20世纪50年代，原本生产塑胶玩具和家庭用品的中国香港商人李嘉诚敏锐地发现，随着各国经济的复苏，人们的生活水平日渐提高，对室内装饰、美化的需求大幅增加。他毅然转变产品路线，开始投资家庭装饰用的塑胶

花，获利丰厚。

同样在20世纪50年代，中国香港人口剧增，正在做五金生意的李兆基，敏锐发现既然人口越来越多，那么一定需要住房，这个市场说不准可靠。于是而立之年的李兆基依然放弃了当时热销的五金市场，选择了向房地产进军。如今已是香港地产大亨、著名的商界巨头、华人超级富豪，更有"亚洲股神"之称。

看到了吧！这些成功者就是因为懂得经济学知识，能够在投资前研究某行业的发展形势和未来的趋势，所以才为自己创造了巨额财富。

或许有人又说了，投资是需要专业知识的，那些富翁不仅拥有超前的眼光，而且还有专业的投资团队。我们普通人哪能和他们比？是这样吗？并非如此。并不是只有专业的投资者能够利用经济学赚取财富，普通人也可以利用经济学实现自己的财富梦。

比如，不论是菜市场的菜价上涨，还是超市的生活用品价格提高，都和经济学分不开的。不论银行利率有所提高，又或者电费有降低，也都与经济学息息相关的。如果我们懂得其中经济学的知识，就可以发现其中蕴藏着的巨大商机，找到发家致富的方法。

董华是一名大二的学生，他就是靠着学到的经济学知识，让整个家庭走上了致富的道路。

大一暑假的时候，董华回到家乡，见村里到处是人力三轮车，这些三轮车都是给市里各家饭店送菜的。董华看到这里，突然涌上一个大胆的想法：何不找车将菜拉到城里去卖？于是，开学后他就到学校附近的几个饭店询问，老板都表示，只要蔬菜便宜、新鲜，他们就要。如此一来销路就有了，剩下的就是找车运输了。

董华让父亲在家乡找菜源。课余的时候，他跑遍了城市的各大饭店，无论需求大小，都签订供货协议，再组织运输车从家乡拉菜来卖。董华的辛苦付出果然带给他丰厚的回报，接下来他还打算把这个事业做强做大。

几年后，当同学们还为找工作愁眉不展的时候，董华的蔬菜销售公司已经赚取巨额收入，服务范围遍及大半个市区。

这就告诉我们，虽然机遇是可遇而不可求的，但若是你掌握了经济学常识，具有经济学眼光，那么你的机遇就比别人多，你的财富自然源源不断。如果没有一点儿经济学知识，董华怎么能发现市场，作出准确的判断？

所以，想要拥有财富，那就不断充实自己的经济学知识吧！如此一来，你的投资才能避免随意、盲目，避免种种风险。

第五章
分清价格与价值，
拔高你的人生层次

　　价值决定价格，这是一项基本的商业原则，也是一项关键的人生准则。聪明的你应该分清价格与价值，努力提升自己的价值，更好地发挥自己的价值，而不是更多地关注价格。如此一来，你在别人心中的位置才能提升，你的人生层次才能升高。

你有什么价值，
你在别人心中就是什么位置

生活中，我们时常看到这样的人，他们热衷于交际，朋友"遍布天下"，每天与这些朋友吃饭、喝酒，或一起参加过某个聚会。他们游走于各个场合之间，与人谈笑风生，好像风光无限。

可事实上，那些所谓的"人脉"不过是"浮云"，那些所谓风光不过是幻影。当他们真正需要帮助的时候，那些所谓的朋友全部消失不见了。为什么会如此？因为对于那些人来说，这样的人根本没有实在价值，只不过是个吃喝玩乐、夸夸其谈的"酒肉朋友"罢了。如此一来，人们怎么真心对待他，又怎么会愿意帮助他？

我们说，一个人是否成功、是否赢得他人的信任和青睐，不在于表面，而在于他个人真正的身价和价值。在现实生活中，每个人都有属于自己的价值标签，这些标签决定了你的形象，代表了身边人对你的看法。换句话说，你具有什么价值，你在别人心中就什么地位，就会受到什么样的对待。

所以，我们应该努力提升自己的个人价值，除去最基本的为人处世等方面，我们还应该提升自己的诚信度、亲和力、真诚度，合作意识。有了这些最重要的价值标签，你这个人的影响

力才能越来越大。在生意场上，我们还应该不断提升企业的竞争力、项目规模、团队凝聚力、未来投资前景等等。如此一来，客户才更愿意选择你，生意伙伴才更愿意信任你。

中国台湾著名的企业家、台塑集团创始人王永庆被誉为台湾的"经营之神"，他于1954年筹资创办台塑公司，历时三年建成投产。随后企业发展蒸蒸日上，发展至今日，在世界化学工业界居"50强"之列，是中国台湾唯一进入"世界企业50强"的王牌企业。王永庆的身价不可谓不高，我们不妨来看看这位出身贫困的"经营大王"是如何一步一步经营自己的身价的。

王家祖籍在福建安溪，几代人都以种茶为生。在王永庆9岁那一年，父亲因患病只能卧床休养，为了生活，王永庆开始与母亲一起挑起了生活的重担。15岁那一年，王永庆小学毕业后辗转到了台湾南部的一家米店做学徒。经过一年的学习打拼，王永庆大致摸清楚了米店的经营方式，他做出了一个非常重大的决定：自己创业开米店。拿着借来的200元钱，王永庆虽然顺利开起了米店，但生意却始终没有起色。

经过考察分析，王永庆发现：一是因为在王永庆米店隔壁，有一家规模非常大的日本米店，相比而言自己不具备任何竞争优势；二是因为早在王永庆开米店之前，城里就已经有好几家老字号米店了，这些米店多年的口碑自己无法一时打破。总结起来就是：自己的米店在消费者眼里价值远比不上隔壁以及其他的老字号米店，那么，如何改变大众心目中给自己打上的这个价值标签呢？

经过思考之后，王永庆决定，要另辟蹊径，树立自己的优势。他开始挨家挨户地上门推销大米，并免费给顾客掏陈米、洗米缸，为顾客提供别的米店所没有的附加服务。为了体现出自己米店独有的价值，王永庆发动两个弟弟和自己一起，把大米中的米糠、沙粒和石子等杂物一点点拣出来，然后才上架售卖。一段时间之后，城里几乎所有主妇都传遍了，说王永庆店里卖的大米质量好、杂质少，一时之间，王永庆的米店生意红火了起来。

此后，王永庆又针对老幼妇孺买米时搬运不变的情形，开始实行"送货上门"服务，把大米扛到顾客家中后，还帮他们清洗米缸，掏出陈米，再把新米倒进去，完全实现了"一条龙"式的服务。除此之外，王永庆还细心地记下了每个顾客家中米缸的容量，并问清楚每天大约消耗多少大米，据此估算出这户人家下次买米的大概时间。这样，每当顾客家中的大米快吃完时，王永庆就主动把大米给送来了。一方面省去了顾客的麻烦，另一方面其实也变相地"掐断"了顾客去别的米店进行消费的可能。

凭借着精细、务实的服务，王永庆的米店生意愈加红火起来，得到了大众的认可，把原来隔壁的日本米店和其他老字号米店远远抛在了身后。又经过一年多资金和人脉的积累，王永庆创办了自己的碾米厂。正是这小小的米店生意，开启了王永庆的创业传奇，为他日后问鼎台湾首富的事业打下了第一道基础。

对于王永庆来说，他普通而细致的服务就是他最为独特的价值标签，也是他区别于优势和资本。这一价值标签，

让王永庆得到了所有人的认可，更让他赢得了源源不断的机会。所以，他那个不起眼的小店越来越红火、壮大，成为超越其他老字号米店的佼佼者。

事实证明，像王永庆能够经营好个人的"价值标签"的人都赢得了巨大的成功，而那些只注重表面，不重视自身"价值标签"的人，往往都会得到惨痛的失败教训。然而，很多时候人们会因为种种表象而看不清自身真实的价值标签，人们自认为认识的朋友多就是成功，认为别人围着自己转就是影响力大。那些夸夸其谈的人是如此，那些挥霍信用的人也是如此。

所以，不管什么时候我们都应该注重个人价值的打造，认清个人价值并非指的是表面风光，而是实打实的信任；认清只有通过增加自身的价值砝码，才能拓宽自己的财路的现实。当你提升个人的价值时，自然就可以轻易赢得别人的信任，自然就比别人更容易获得成功。

聪明人往往忽略价格，重点关注价值

价值决定价格，这是经济学最基本的理论。可生活中很多人明明懂得这个道理，却做出与之相悖的事情。他们往往更关心某件东西的价值，而忽视了其价值。

比如，购物的时候，他们总是小心翼翼的反复比对价格，选择相对于便宜的那件东西。殊不知，价格相对贵一些的东西价值更高，实用性、耐用性、舒适度都远远高于便宜货。

再比如，投资的时候，很多人会追求保底、稳妥、保障，把存下来的积蓄小心翼翼地放到银行，然后自己继续为了养家糊口而奔波劳碌。事实上，这钱存到银行并不能增值太多，反而还可能会贬值。可若是把它们用来投资，反而可以创造更多的价值。

这就是一般人和特别之人之间的区别。一般人只关注价格，不懂得让钱发挥它应有的价值；一味地"节流"，结果只会随着手中钱财的贬值而变得越来越贫穷。他们把大把时间用在货比三家"省小钱"上，却不知道把钱花在刀口上；他们看到清仓大拍卖大降价就蠢蠢欲动，却没有考虑买到的东西是否有价值、真正实用。

不妨看看下面的例子：

> 小鹿和小叶在同一家公司上班，但职位却不一样，小鹿是项目经理、公司合伙人，而小叶只是基层的一名员工。小鹿从工作开始就关注投资，用自己业余时间来搞投资，很快就赚了第一笔钱。之后他把这些钱用来入股公司，现在每天上班谈笑风生，打几个电话，开几个小会就赚个盆满钵满。
>
> 而小叶是小鹿的同期员工，他现在每天忙得天昏地暗，为了生活奔波和忙碌。这是因为他与小鹿的思维恰好相反，为了安全起见，他把每个月的工资都存入银行，自己只留1000元零花钱。为了省钱，他只关注那些便宜的商品，就连买卫生纸都要货比三家。当初小鹿也劝他和自己一起投资，可是他却担心风险大……

看到了吧！一般人为什么是一般人？不是因为没有钱投资，而是过于在意价格而忽视价值。他们的眼中只看得到手里的钱，只懂得小心翼翼地抓在手里，不懂得也不敢让它升值。就是因为如此，他们缺乏胆量和眼光，也错失了无数大好机会。而特别之人就不一样了，他们更多在意的是事物的价值而非价格。他们从来不会小心翼翼把钱藏起来，而是更愿意让它进入市场，变成资本，从而拓宽财路。

所以，我们应该学习特别之人的思维，培养良好的金钱观念，如此我们才能把钱看淡，灵活地将它们调动起来，让它们发挥自己应有的价值。同时，我们需要不断提升自己的赚钱能力，积极寻找赚钱的渠道，如此才能让手中的财富变得越来越多。

价值决定价格。当你把钱死死守住，舍不得动一分一毫时，这些钱实际上是没有价值的，自然也不值钱。所以，我们需要提升它的价值，发挥它最大的价值。同样，这种理论在一个人身上同样适用。

聪明人往往不太关注价格，而是重点关注价值，因为他们知道当自己的价值升高时，价格自然会水涨船高。可一般的人恰好相反，他们只关心价格，却忽视了提升自己的价值。结果可想而知，你都不提升自我价值，又怎么奢望提高自我"价格"？

大学生芳菲就是一个注重自我价值提升的人，平时她非常注重形象，并且乐于学习。在形象打造方面，她愿意花钱打扮自己，买漂亮的衣服，还为此时常看时尚杂志。而在自我投资方向，她也肯用心，空闲的时候她会学习新的技能，比如考驾照、学计算机，培养一些兴趣爱好，比如绘画、摄影等等。

　　很多同学都觉得芳菲是乱花钱，但是她却不这样认为，她舍得在这些东西上投资，因为她知道这是为自己的人生未来在投资，是提升自我价值的关键。

　　在毕业之初，芳菲与其他同学站在一个起跑线上，都是普遍的大学毕业生。数年之后，芳菲成立了属于自己的公司，业务范围包括女性心理咨询、能力培训、健康指导等等。而那些同学依旧是普通的员工，每天只是埋头工作，赚钱存钱。

　　正是因为芳菲知道价值决定价格，所以她一直都在投资自己，让自己变得更美丽动人，让自己拥有更多的技能。实际上，这些都提升了她的价值，让她渐渐与同学们拉开距离，最终站上了更高的位置。

　　不管是在投资上还是人生中，只懂一味"节流"的人，只会越来越穷。所以，不管什么时候，我们都不应该过分在意价格，这不是发财致富的最好方法，更不是提升人生层次的最佳途径。关注价值的提升，你的未来才能更有前景。

提升自我价值，实现人生梦想

　　在大多数人看来，工作的目的就是为了赚钱，就是为了让自己过上好日子。于是，他们选择工作的时候，考虑得最多的，往

往是"老板给我多少薪水";他们每天说的话是"拿多少钱,我就干多少活""想让我加班,那就给我双倍的薪水""这个任务又难又费时,我赚不到多少钱,我才不愿意参加"……

可是,一个人工作就真的只为钱吗?钱,就真的是一个人选择工作的唯一条件吗?不然。对于大多数人而言,当我们工作时,通常有以下几个方面的收获:第一,这份工作薪水待遇很高,这大概是大多数人首要考虑的问题;第二,这份工作有很好的发展或晋升空间;第三,通过这份工作,我可以学习到很多东西,提升个人能力;第四,这个工作可以让我展现自我价值,实现自己的职业理想;第五,我真的喜欢这份工作。

通常情况下,人们很难遇到完全符合自己预期值的工作,也很难在一份工作中获得全部收获。因此,绝大部分人会进行思考和妥协,选择究竟最先满足那些需求和收获。可若是一个人只看到金钱,忽略其他四点,那么很难有所成就,也很难获得人生的幸福。

我们并不是说赚钱不重要,而是说若是一个人只顾着赚钱,做任何事情当然都会向"钱"看齐,那么工作能给予他们最大的回报,就是优厚的待遇和薪资。如果一个人在工作时不断提升自己的个人价值和能力,追求自己的理想,那么终有一飞冲天的一天。

唐骏被人们称为"打工皇帝",他曾经说过这样一句话:"我不是在为别人打工,我是在为自己打工,为我的财富、人生以及未来打工;打工就是为自己的人生创业,结果都是一样的,通过打工,你能获得财富,获得认同,获得经验。"

　　唐骏的"打工"历史是很少人能企及的，他曾是微软公司历史上唯一两次获得比尔·盖茨杰出奖、最高荣誉奖的员工，还获得了微软公司历史上唯一的微软中国终身荣誉总裁的称号；他曾是中国最大的互动娱乐公司盛大网络公司的总裁，并成功推动盛大在美国纳斯达克成功上市。

　　人人都羡慕他的经历，可很多人都不知道，他之所以取得如何成绩并不在运气，而在于不懈地努力和不断地提升自我价值。

　　唐骏在微软担任总裁时，堪称是微软公司认识员工最多的总裁。他能够叫出微软中国一千多名员工的姓名，他在微软供职的10年中，一共亲自面试了三千多名员工，几乎平均每天就要面试一名员工。

　　对于唐骏来说，是否亲自面试如此多的员工，是否记住几乎每一名员工的姓名，这些事情都不会影响到他的工作收入。他做了，公司不会给他更多的回报，同样的，他不做，公司也不会因此就削减他的待遇。

　　但是唐骏却身体力行，力求把这件事做好。因为他知道，打工就是在为自己的人生创业，自己所做的每一分每一毫的努力，都将得到相应的回报。这些回报不仅仅局限于财富，还有来自他人及社会的认同，以及宝贵的经验。而与金钱相比，后者才是最重要的。这些东西就是你人生无形的财富，就是你获取财富的敲门砖。

　　唐骏的成功不是偶然，他的辉煌也不仅仅是靠运气或者天

赋。在"打工"的过程中，他从来不为自己"砍价"，而是思考如何把自己价值做大，思考如何获得认同、经验。正是因为如此，他赚取了属于自己的财富，也实现了自己的梦想。

所以，不管什么时候，我们都不能只为了赚钱而工作，不能为了钱而讨价还价。否则，你的人生很难获得突破性的发展，并且如果一旦离开这个特定的领域，或失去这份一直从事的工作，你将穷困潦倒，目前所得到的一切都可能就此化为泡影。

生活中有很多这样的人，他们放弃了一份待遇优厚、任务轻松的工作，而选择一份劳神劳力、待遇普通的工作，或是放弃一些能够长期、稳定发展的机会，而选择一些充满冒险的、不确定的未来。难道他们是和钱过不去吗？当然不是，因为他们知道后者虽然没有丰厚的报酬，却可以得到最宝贵的东西，比如是经验，比如赚钱的方法，比如不一样的平台或思维。而结果，这些人绝大部分获得了成功，成为金字塔顶端令人仰望的人。

正因为如此，选择工作或工作的时候，我们需要考虑一个问题——通过这份工作，我究竟能够获得些什么；除了金钱，我是否满足了自己的兴趣爱好，我是否能获得了更宝贵的东西——比如，经验、技能、发展空间、自我价值的提升等等。

正所谓光亮璀璨的钻石，只有经过无数次的打磨与雕琢，才能绽放夺目的光彩。一个人只有把目光放长远，着眼于提升自身价值，努力去实现自我价值，才能获取别人得不到的宝藏。

最好的增值，就是不断对自己进行投资

问你一个问题：投资什么才是收益最高、又最值得的呢？

有人说是股票，因为股票虽然风险大，但是收益高，巴菲特之所以成为世界首富，就是因为善于投资股票；也有人说是期货，因为期货是用小钱博大钱，可以让人一夜暴富……

可这些都不是正确答案。收益最高、最值得投资是对自己的投资。先不用说股票、期货等投资的风险巨大，就连巴菲特这样的投资大师，他每年的投资收益能高达20%就已经不错了，而我们普通人又怎么能超越巴菲特呢？可投资自己就不一样了，如果每天投资自己一点，不断让自己进步和成长，那么几年时间下来，我们的洞察力、思维能力、判断力、眼光都将有所提升。而这些就是我们获取财富的关键。

许多人认为，有钱人那么忙着赚钱，怎么会有时间学习呢？其实，有钱人更加懂得如何投资，他们知道只有不断学习，才能赚取更多的财富。因为他们知道，在奋斗之前，先投资自己，才能达到事半功倍。

之前，有一个年轻人，因为家里条件有限，所以高中念完就跟着大家在离家不远的一个罐头厂里上班。虽然他只是普通工人，可他不甘寂寞，暗中发誓：以后一定要做一个有钱人。年轻人在罐头厂里工作了两年后，选择南下海南

淘金。

　　年轻人发现，城市里的高楼大厦建得越来越多，那就需要装修的人也越来越多，于是，他萌发了做装修生意的念头。但由于没经验，又缺乏资金，他决定先去装修公司打工学习，同时也可积攒一些资金。后来通过不断打拼，他赚到了第一个二十万，为以后的发展奠定了基础。接着他又远赴长春创办了自己的企业，挣到了第二个二十万。

　　几年的创业，年轻人赚了不少钱，但他总觉得好像少了点什么。终于在一次失败的生意上，找到了答案，那就是自己的文化水平不够，导致在与他人竞争的过程中，有好几次生意都被别人抢走。由于文化水平较低，甚至有的大企业还看不起他这种人，所以他吃了不少的哑巴亏。

　　找到答案后，年轻人开始注重学习，通过自学、自费去高校，以此来提高自己的文化知识。同时，他还做起了文化生意，主动与文化人打交道。对此，年轻人毫不讳言，"我很喜欢与学校、与老师和学生打交道，与其他场合的生意人相比，这里的人多数和我一样，很真诚。而且，经常和他们在一起，能学到很多东西，尤其是做人的道理。在我看来，这份学费交得很值！"

　　这个年轻人，就是内蒙古企业家韩平。现在，韩平事业已经越做越大，不过他始终把这句话挂在嘴边："没文化挣钱要付出别人双倍的努力，所以我们要不断学习，充实自己，这样才不至于被社会淘汰，才能去完成自己的所有梦想。"

所以说，不要以为投资赚钱就是商人最应该做的，若是不投资自己、提升自己，那么只能被时代抛弃，远远落在他人后面。对于每一个渴望财富的人来说，学会恰当地投资自我永远都是一门"必修课"。

可惜的是，现在很多人一心想着赚钱，却忽视了投资自我。殊不知只有投资自我在任何时候都不会贬值，还督促我们进步。因为已经得到的学历代表的只是过去，而只有学习力才能决定将来。一旦我们放弃投资自我，就等于放弃进步，如此一来，我们就只能在原地踏步、甚至是在倒退，这就意味着我们被市场抛弃、淘汰，成为时代的落伍者，注定一直贫穷下去。

一般人和特别之人的区别，有机遇和能力的因素，更有思维方式的因素。一般人，虽然能够吃苦耐劳，却不愿花心思投资自己，永远不愿去真正了解有钱人致富的秘密。他们以过人的"毅力"与"勇气"，忍受着长期失败的痛苦，却不关注生死存亡的大事，只为了三餐而烦恼，一生辛劳，只为换取基本的生活所需。所以到了最后，只能长期作困兽之斗。

而特别之人就不一样了，他们宁愿选择放弃商业投资，也要选择投资自我、提升自我。他们把学习看得比任何事情都重要，绝不会为了赚一点儿蝇头小利而放弃投资自己。

来看看梁庆德是怎样说的。有人请教梁庆德："一个成功者，是需要什么样的品质特征的？"

他坦言说："学习。因为只有不断充实自己，才不会与市场隔绝，因为只有坚持学习才能进步，这让我们更加有能力去追求成功。"

　　梁庆德，只有小学文化，并且原本是靠羽绒制品起家，后来才转身进军微波炉行业。在这几十年里，梁庆德一直坚持投资自己——学习。他不断学习，坚持要超越自我，而且他的员工给予了他一个亲切的称号"交通大学"毕业生。因为梁庆德不论是在飞机飞往的途中，还是火车汽车上，永远坚持着充实自己，只要有空，书就永远没有离开过他的视线。

　　正是由于这种不断投资自己的大脑，扩宽自己的视野，带动了整个企业的学习热情，让格兰仕从中国第一发展到世界第一，而他也成了世界微波炉大王。

　　恰如雨果曾说过："这辈子我们看过的书与见过的人，将决定我们的一生。"投资自己，其实这本身就是一种致富之道。很多人希望找到一种马上就能致富的更容易的投资法，却忽视了自己的能力，所以他们只能越来越穷。

　　所以，在想着如何投资股票、期货、生意之前，想投资自己的大脑吧！大方地投资自我，总会让你有展现拳脚的一天！

培养人格魅力，形成强大的吸引力

　　卡耐基曾说过："一个人的成功，只有15%靠的是个人的专业技术，另外85%则是靠个人的人际交往能力。"人际交往能力好的人，它本身拥有独特的人格魅力，形成一种强大的气场和吸引力，让人心甘情愿地跟随。

所以，想要实现财富梦想，我们不仅要培养专业能力、判断力、决策力，更应该培养人格魅力。因为它就是一个人通往财富、成功的门票。

这一点，海尔张瑞敏的经历足以说明。我们知道海尔集团张瑞敏刚开始接手的时候，人心涣散，集团随时都可以被分裂的一种情况，但张瑞敏用他的个人魅力，不仅留住了所有员工，还在随后的发展中，吸引着一批又一批员工的追随。

张瑞敏知道，成功的理由也是万万千千，可是谁也躲不过人脉关系这个潜在的社会规则。如果没有足够的人格魅力，那么就无法建立良好的人脉，就更没有人愿意跟随。进一步讲，如果没有人愿意追随自己，就不可能组成一个能力强、凝聚力强的团队；没有大家一起的努力打拼，那么企业就不可能得到长远的发展。

所以，张瑞敏对人们说："企业领导者的主要任务不是去发现人才，而是去建立一个可以出人才的机制。"

不管是任何人，单靠一个人的力量是不能完成事业的。不妨仔细观察一下，我们视野之内，哪一个有能力的人不在扩展人脉，不拥有让人甘愿追随的力量？哪一个成功者不竭尽所能把那些有才之士招揽为自己的朋友？

可只想着扩张人脉是远远不够的。如果你不具备良好的人格魅力，没有足够的吸引力和气场，那么根本没有人愿意跟随。只有你具有独特的个人魅力，才能具有独特吸引人的力量，才能维持良好的人脉关系。如此一来，你的朋友就会越来越多，愿意帮助你的人也会越来越多，为你的努力添加资本，为你的成功助一臂之力。

阿里巴巴就是一个群体的公司，靠着马云的人格魅力，吸引着众多有志之士加盟阿里巴巴，维持了一个良好的人脉关系网。无论是淘宝网、支付宝、阿里妈妈还是阿里软件，他们都是由一个团队在运作，马云为总设计师。他也创造了中国创业者史上，始终有一群始终不离不弃的各路顶尖人才不断汇涌并行的奇迹。

现在被我们定位为阿里巴巴创办人的蔡崇信，他最开始的身份本来是到阿里巴巴探讨投资的，结果没想被马云的人格魅力以及思维方式所打动，结果他宁愿抛下当前75万美元的年薪，毅然加盟阿里巴巴，来领取每月只有5000元薪水。正是蔡崇信愿意结交马云这个朋友，被他吸引，所以他带来的不仅是工作的激情和吸引人的魅力，还给阿里巴巴带来了国际大投行高盛的人脉。

还有2000年5月，吴炯也诚心加盟了阿里巴巴。他以前的工作是，美国雅虎公司搜索引擎和电子商务技术的开发的主持。他更是雅虎不可多得的人才，多项应用技术的首席设计师，并且他在1999年，还获得美国授予的搜索引擎核心技术专利，是唯一发明人。可他也放弃了这么好的职位，良好的发展前景，决然放弃了雅虎的高职，投奔向了阿里巴巴。也不得不说这是马云的个人魅力所致，招揽他们愿意为此付出，同时他们愿意加盟的举动，也吸引了一大批硅谷华人精英，甘愿加入阿里巴巴在美国的研发中心。

在一场场聚会中，阿里巴巴吸引着很多有才之士的加盟，正是由于这种魅力的吸引，以及愿意一起打拼的合作精神，还让在美国通用电气公司工作了16年的关明生，也心甘情愿加入阿里巴巴，担任阿里巴巴首席运营官；在2003年，也吸引了微软中国原人事总监的加盟，还有联想网站原财务总监也追随过来加盟阿里巴巴等等。

阿里巴巴吸引了大量的优秀人才，正是这个值得、甘愿为马云付出的团队，成就了独一无二的阿里巴巴，也让我们更加对阿里巴巴的马云更加充满向往，这个英雄般的传奇人士，是如何使得他们都愿意为之付出自己的才气和精力，是如何将这个人脉关系网建立得如此牢固。

以前我们总是说，朋友多了路好走，现在我们要说，朋友多了钱好赚。所以，对于那些渴望成为富翁的人来讲，应该要培养独特的人格魅力，把更多的朋友吸引到自己身边。你成就的事业有多大，要看你的人格魅力有几分；你赚取的财富有多少，要看你的人脉关系网有多牢固。

这就是为什么我们总是看到，有钱人时常在聚会，办Party，相互交换着各自的名片。他们不是单纯地应酬和玩乐，而是积极地拓宽自己的人脉财富，希望能寻找和自己有机会合作的人。

这也是为什么有钱人把好东西与别人分享，合作时给别人更

多的利益。是因为他们懂得彼此分享才能提升自己的人格魅力，赢得他人的尊重和信任，从而赢得更多的赚钱良机。

人脉网络本身就是聚集人力资源，连接人与人之间一道道无形却有力的桥梁。人格魅力的吸引力是无穷的，可以让你网络一大批有志之士，可以让你赢得众多朋友。想要打开财富的大门，我们需要发挥自己独特的人格魅力，把自己的人脉资源经营到最好，这样才能收服那些身边的人，把人脉变成钱脉。

所以，赶快行动起来，培养你的独特魅力吧！

第六章
运用心算能力，
搞定竞争中博弈

市场中，竞争无处不在；商场中，竞争异常激烈。想要在竞争中占据优势，我们就必须有强大的心算能力，活跃的思维能力，以及良好的应变能力。

考虑好竞争中的风险，
更要抓准竞争中的机遇

现在不管什么行业，市场竞争都异常激烈，竞争使得人们的压力和风险增大，可很多人不知道的是，竞争也为人们提供了更多机遇。

换句话说，竞争是一把双刃剑，它把优胜劣汰这个残酷的现实摆在我们面前，让许多人面临着失败、淘汰的危机。但是，竞争也会带来机遇，让那些能力强、眼光好、敢于拼搏的人脱颖而出。

成功者从来不怕竞争，只有竞争才能唤起他们的斗志，才能让他们不断完善自己、超越自己。他们不会因为惧怕淘汰而逃避，更不会因为身边存在竞争而裹足不前，相反，他们会迎难而上，主动迎接一个又一个挑战。陈正光就是其中一位。

1960年，陈正光出生在温州的一个农民家庭，因为家境窘迫，刚刚上完初中的他就辍学在家了。为了将来考虑，陈正光开始学习木匠，他认为，木匠算是一门手艺，只要掌握住一门手艺，走到哪里就能吃到哪里。

在木匠这个行业里，有一个规矩，就是学徒必须学艺3年。陈正光对自己的第一门手艺非常重视，常常夜以继日地

刻苦钻研。经过一年的刻苦努力，陈正光的手艺已经非常圆熟了，在一定程度上超过了他的师傅，但是他并不满足，仍然孜孜以求，争取做到精益求精。在陈正光19岁那年，他出师了，于是准备独自出去闯荡。

1979年，学艺有成的陈正光开始了闯荡生涯，同时他还带着5名徒弟，这让陈正光觉得自己肩上的责任又重了。在陈正光学习木匠的日子里，他认为，靠手艺赚钱，应该比较容易。但是，令陈正光没有想到的是，事实远比梦想要残酷得多，刚到西安的陈正光发现，这里已经被其他地方的木匠占领了，已经形成了属于他们的市场。

残酷的现实压得陈正光喘不过气来，每天早上，他和徒弟们带着希望出去，到了晚上，却是失望而归，陈正光看在眼里急在心里。

无奈之下，陈正光去了一所设计院，想去找其他木匠分出一些活来，但是这些木匠刚一听到陈正光的外地口音，就断然拒绝了。但是陈正光还不死心，他去找了设计院的领导，但是领导早已经和那些木匠搞好关系了，陈正光再次吃到了闭门羹。

无可奈何的陈正光就在市场摆起了地摊，这样下来，有几个客户上门找他。直到有一次，有一位陈姓客户的儿子要结婚，想要订做一整套的家具，很多木匠都抢着去接这个活。陈正光眼看着这单大的生意要被别的木匠抢走了，他认为风险与机遇并存，如果现在不出手，最后只能是失败。陈正光马上上前一步，拉住了陈工程师的手说："我向你保证，如果这套家具我做得好，你付钱；如果做得不好，我分文不取。"

陈正光说完这话，其他的木匠都沉默了，他们心里清楚，做一整套的家具是一项大工程，如果做完之后雇主不满意，要求你赔款，你就只能哑巴吃黄连，有苦说不出了。

最后，这套家具被陈正光拿下了，因为在当时的西安，大家做的家具都非常的新颖时尚，再加上陈正光木匠的基础打得非常好，所以他对圆满完成这项任务是非常有信心的。果不其然，半个月后，陈正光就完成了任务。经过这件事的磨炼，陈正光的手艺得到了广泛认可，他的名声也传扬开来。

从这时开始，陈正光受到了雇主的欢迎，现在根本不是他找别人，而是雇主主动找他，登门拜访陈正光的人更是络绎不绝。

顾客多了，人手自然就不够了，陈正光开始到处招兵买马。陈正光的企业就这样慢慢发展起来，后来还办起了家具厂。

正当陈正光的事业一帆风顺的时候，他家人让他赶回去结婚。结婚后的陈正光改变了自己的想法，他决定为了家庭留在温州，不去西安了。但是在陈正光离开温州的这3年，温州发生了翻天覆地的变化。无奈之下的陈正光开了一家百货商店，但是由于对这个行业不熟悉，赔了一些钱。

但是陈正光没有放弃，仍然做着这个行业。有一次，他去宁波进货，发现宁波有一条木器街，街边有很多木器店。陈正光的眼睛一下子就亮了起来，他终于发现自己有了用武之地。经过一番考虑，陈正光在木器街开了一家木器店，但

是由于陈正光只卖自己做的家具，而其他商店却是从天南海北进货，样式新颖别致，在这样的竞争中，陈正光明显处于劣势。

"穷则变，变则通。"陈正光发现，如果一家企业想要在竞争中脱颖而出，就要做出自己的特色，经过不断考量，陈正光决定自己要做产销一条龙的企业，于是，陈正光就开始吸收消费者反馈的信息，挖空心思，投其所好，果然收到了意想不到的效果。

经过不断发展，陈正光在木匠的这个领域不断地发光发亮，最后，走出了自己的一条道路，在千军万马的竞争中脱颖而出，成了最后的胜利者。

在中国从事木匠行业的人有很多，简直是数不胜数，作为一个小小的木匠，陈正光面对的竞争是非常激烈的。但是他没有退缩和逃避，在遇到失败和挫折时也没有放弃，他不断地吸收新的市场信息，不断地完善自己，最终在竞争中脱颖而出，走到了这个领域的顶峰。

其实，人生就是一个竞技场，"物竞天择，适者生存"。你能在竞争中坚持下来，就会取得最后的胜利；若是你坚持不下来，那么就只能面临淘汰的命运。正因为竞争的残酷，所以，很多人惧怕竞争，如履薄冰，时常担心自己被淘汰。结果，在这种心态下，他们犹豫了、彷徨了，以至于做事不能尽全力，失去了很多宝贵的机会。

可要知道，有竞争才有发展。只有竞争，人才能不断完善自己，学到很多以前从来没有涉及的东西，达到一个从来没有到达过的境界。只有竞争，企业才能变得越来越强大，得到长远的、良好的发展。

当这个社会没有竞争时，人和企业的压力是减小了，风险也消失了。但是人和企业就会失去斗志和活力，只求稳定和平和，就会不求改变和进取，浑浑噩噩地过日子。到了这个时候，不管是一个人或是一个企业，面临衰亡的时候也就不晚了。

相信大家都听过这个故事，或许它可以让我们更明白这个道理。这个故事说的是两只对立的动物，说是对立，是因为这两种动物是生物链的上下两级，一种动物是猎豹，另一种动物是羚羊。两种动物都是自然界中跑得最快的动物之一，但它们在天一亮的时候就会开始奔跑。

羚羊想，如果跑得慢了，就会成为猎豹的口中餐了，所以要不停地奔跑。相对的，猎豹也是如此，如果自己不拼命奔跑，今天就要挨饿了。这就是竞争，同样面对清晨的第一缕阳光，两种动物都在不停奔跑，都是为了活命，它们知道，如果自己不奔跑，就见不到明天早上的阳光了。

就是因为羚羊和猎豹之间存在着竞争关系，所以它们只能鞭策自己不断地奔跑、奔跑。而正是因为他们具有危机意识，所以才变得越来越强，成为自然界中跑得最快的动物。动物们都懂得这个道理，为什么我们却不懂呢？

所以说，我们要正确地看待竞争，不要有"怕"的观念，因为它会消磨你的意志，阻碍你前进。我们需要学会竞争，敢于竞争，善于竞争，只有如此我们才能不断激发自己的潜力，抓住竞争中的机会，让自己走得更远。

市场博弈，被吃掉的从来都是"慢鱼"

在这个竞争激烈、快速发展的社会，谁快谁就能占据主动，谁快谁就能赢得胜利。就像是猎豹捕食猎物一样，只有快速出击，拥有无人能及的速度，才能抓住时机、一击必中。

这绝不是危言耸听。比如你看到一个机会，若是没能立即行动，那么这个机会就会被其他人抓住。如此一来，对方赢得了优势，而你就可能在竞争中败下阵来。你有一个价值一个亿的想法，如果没有第一时间把它变为现实，那么这个想法就会被别人想到且利用，那么你的想法很可能贬值，甚至一文不值。

在快速发展的竞争社会，竞争的边界日渐打破，商场变成了商海。所以，我们若想要在竞争中占据优势，就必须有清醒的头脑，看到商机浮出水面，便立即出击。我们都知道，温州人绝大部分是天生的商人，创造了很多商场奇迹。而他们之所以能成功，除了出色的经商头脑外，还有就是绝佳的行动力。

温州人认为，领先一步能够率先赢得广阔的市场，慢人一步就注定甘为人后，这样就很难翻身，更无法占领大市场了。浙江宏源无纺布有限公司的总经理朱秀仁就是靠着出色的行动力，完成了一次又一次地突破。

2002年12月，丽水市招商引资团来到了浙江。

朱秀仁见到他们就问道："如果到丽水办企业，大概要审批多长时间？"

招商引资团说："会在最短的时间内办好，可以一边办审批，一边盖厂房。"

"如果没有水多长时间可以解决？"

"马上！"

朱秀仁听到满意回答后又说："好，办事就要有效率，自己是温州人，我要在丽水看到温州速度，办事一定要雷厉风行，决不能拖延时间，我要到你们那办企业，给我准备60亩地。"

朱秀仁说干就干，他带着公司的人马从温州进驻到了丽水经济开发区，然后开始布置施工命令，要求一定要认真仔细，抓紧建设，一定要尽快完成任务！不仅如此，朱秀仁还身体力行，和员工们同吃同住，一起工作。朱秀仁说，浪费时间就是浪费生命，要快！

但是，天不遂人愿，正好在那年冬天，丽水下起了罕见的大雪，天气突然变得非常恶劣，朱秀仁每天都要早早起床，然后到工地上扫雪，等到他扫完雪，又忙着去指挥工人们工作。有时候，大雨滂沱，朱秀仁和员工们为了尽早完成任务，也会冒雨工作。

2003年5月18日上午，工程竣工了，丽水市副市长沈仁康参加了浙江宏源无纺布有限公司的开工典礼，非常惊讶地看着朱秀仁，不停地夸赞着他，温州人就是了不起啊，5个月就建成了厂房，真是名副其实的"温州速度"！我们丽水企业家要向你学习啊！

就是因为朱秀仁的绝佳行动力，企业在他的领导下才

能变得越来越强大，在激烈的商场竞争中占据优势、脱颖而出。

在武侠小说中，著名作家金庸不断强调，"天下武功，唯快不破"。其实，在商界的竞争中，同样如此。谁快，谁就能占得先机，就能比别人先获得优势，从而让企业立于不败之地。这是因为商场是瞬息万变的，若是犹豫不决，很可能就会瞬间失去先机。机遇也是稍纵即逝的，若是犹豫观望，就可能永远错失良机。

所以，思科CEO钱伯斯说："竞争中从来都是快鱼吃慢鱼。"商人李晓华也说："超前行动，是我最大的成功诀窍。"如果你不想被其他鱼吃掉，那么你就应该努力做一条快鱼，而不是做一条慢鱼。

但需要注意的是，快人一步并不意味着盲目行动、鲁莽行事。若是为了抢占先机，没有认真分析市场，没有考虑自己的能力，反而让自己陷入危机之中。想要做到快鱼吃慢鱼，我们必须保持冷静的头脑，既敢于行动，又有勇有谋，而不是一看到机会，就被喜悦冲昏了头脑。

真正的"快鱼"懂得把握瞬息万变的契机，更明白自己在什么时间应该做什么。他们能对市场机会的把握和对客户反馈信息敏感、快速、准确地做出反应，所以比别人拥有更大的成功可能性。

相信大家都听说过华视传媒。2005年4月，华视传媒成立了，刚开始的时候华视传媒做的是公交数字移动电视，为了提高效率,华视传媒用最短的时间实现了网络的拓展和资本上的集聚。经过两年的发展,华视传媒就登陆了纳斯达克,打破了纳斯达克上市企业的最快纪录,而华视传媒也成了中国文化的一面旗帜。

2009年10月,华视传媒开始逆势直上,以1.6亿美元的价格收购了数码媒体集团,快速地完成了从地上到地下的扩张,成了全中国最大的地铁公交覆盖面最广的移动电视网络运营商。

如今,华视传媒通过多次的快速整合,奠定了华视传媒在行业内的龙头地位。如今的华视传媒已经覆盖了全国30多个经济发达的城市,占据中国车载无线数字信号发射电视终端的76%,覆盖人群达到4亿,成为中国户外数值移动电视行业的领导者。

华视传媒之所以能坐上中国传媒界的第一把交椅,主要就是因为一个"快"字,最快的上市纪录,最快的扩张,最快的收购……一系列的快速运作,让华视传媒从众多媒体中脱颖而出,超越了所有竞争者。

无数事实证明,在当今的社会大形势下,大公司不一定能打败小公司,但是快鱼一定能吃掉慢鱼。与慢鱼比较,快鱼能快速、准确地把握好市场中的竞争信息,并且在其他企业仍然在观望时,他们就采取了有效的行动。快鱼总是能先人一步,慢慢地,它的优势会越来越大,实力会越来越强,最终让自己在竞争激烈的社会中取得成功。

在市场博弈的过程中,从来都是快鱼吃慢鱼的。所以,我们

需要在竞争中永远快人一步，提升自己的行动力。同时，我们还需要有足够的头脑，一定要在冷静之后，再谋定后动，做到又快又稳，如此才能永远在竞争中立于不败之地。

谁能抓住先机，谁就能取得胜利

每个人的人生中都充满了许多机会，那么为什么有的人抓住了机会，赢得了属于自己的财富，而有的人却错失了机会，始终贫穷地生活？

关键在于前者看到机会就马上行动，抓住了先机，而后者却犹豫不决，不是担心时机不到，就是担心风险太大。

现在市场竞争这么激烈，谁抢占了市场先机，就等于抢占了发展机会，也就等于占有了市场份额。先机是什么？先机就是关键的机会，就是你赢得财富的关键。只有在发现机会时，马上去抓牢，才能比别人先拿走胜利。若是在竞争中，害怕承担风险，只求稳妥，那么只能永远跟在别人屁股后面走，品尝失败的苦果。即便因为随风跟流，获得了一些小的成绩，那么也终有被同化或是淘汰的一天。

如同李嘉诚说的："当一个新生事物出现，只有5%的人知道时赶紧做，这就是机会，做早就是先机；当有50%的人知道时，你做个消费者就行了；当超过50%的人知道时，你看都不用去看了。"所以，想要在竞争中脱颖而出，赢得属于自己的财富，就应该敢为人先，面对关键机会的时候，永远先人一步，快人一鞭。

　　事实上，很多成功的人都是善于抢占先机的，他们具有洞察机遇的眼光，更有先人一步的胆量，所以能成为竞争中的佼佼者。

　　张晓平是温州人，在他创业的十几年，除了最初几年，张晓平认为自己只在干一件事，就是不断发现机会，不断完善企业。因为他知道只有不断抢占先机，才能让企业在社会的竞争中立于不败之地。

　　张晓平出生在20世纪60年代，是温州瑞安人。80年代的时候，张晓平成为瑞安仪表厂的一名工人。但是张晓平知道，只有不断学习，才能让自己在社会竞争中立于不败之地。于是他奋发图强，考上了浙江电大，在1986年的时候毕业了。

　　毕业后的张晓平并没有留在瑞安仪表厂，他放弃了这个机会。这时的张晓平决定自己创业，在当时的温州也给张晓平提供了一个创业平台，主要是在温州当地借贷游资十分丰富。张晓平开始小本钱起家，办起了员工仅有7个人的工厂，只要经营汽车门灯开关。正因为这个行业没有人愿意干，张晓平才愿意做的，因为他从其中发现了机会，告诫自己一定要抓住，否则将会后悔终生。

　　开关是一个极小的部件，生产有一定难度、价格又不高，许多企业不屑于生产这种小玩意儿。正因为没多少人愿意干这种费劲大、赚钱少的活，张晓平才得到了机会。这是机会，也是挑战。张晓平深知这一点，在当时，汽车行业远

没有现在这么发达，刚开始的几年，给员工发完工资之后，张晓平并没有赚到什么钱。

要在竞争中脱颖而出，就必须了解这一行业的发展趋势，否则你永远慢人一步，永远不能把企业做大。于是，张晓平开始把公司的日常任务布置给一些人，自己要亲身走进市场，去摸清市场。为此，张晓平为了在竞争中取胜，走遍了神州大地，不仅摸清了市场，而且结识到了很多同行业的人。

但是，如果想要合作，就必须许给对方利润。张晓平的思维终于清晰了下来，于是张晓平去考察大企业的缝隙，看他们需要什么，自己就做什么，只有这样，才能把握住先机，从竞争中脱颖而出。

通过细心的观察，张晓平终于找到了这个缝隙——汽车里程表。在当时，国内汽车里程表质量不过关，只要汽车一发生震动，汽车里程表就会失灵，根本就无法计算出数值。

对仪表，张晓平是在行的，为此，他找来了相关人士，组成了攻关小组，一起把这个任务做好，通过不断地细节分析，张晓平终于发现了其中的弊端，并且不断实践，不断改善，最后制造出新的汽车里程表，且获得了国家专利。这就使得张晓平在竞争中占得了先机。

之后的张晓平更是越做越大，继续发现企业缝隙。这时，他发现在中国，大家都很注重发展小型汽车，而忽视中型汽车。为此，张晓平就专门做大型汽车的配件，来完善重型汽车行业。张晓平就跑去各个重型汽车生产厂家进行考量，考量之后开始生产重型汽车配件，得到了各大汽车生产厂商的认可，达成了合作意向。

与此同时，张晓平不断在技术改造方面提高力度。就这样，经过不断发现机会，不断把握机会，张晓平的企业渐渐从无数的企业中露出了头，不断地发展壮大起来。

1998年1月，张晓平对企业进行了一次全面整合，组建了浙江瑞立实业集团。2002年，瑞立集团受到国家工商总局的高度关注，将其升格为无区域集团企业。

在强手如林的温州，瑞立后来居上，跑到了许多已经成名的企业前面，张晓平就是靠不断发现先机、抢占先机。若是张晓平没有敏锐的眼光和足够的胆量，担心风险和竞争，那么就无法使得企业不断发展和壮大，更无法实现自己的梦想。

生活中很多人习惯优柔寡断，不能做到快刀斩乱麻，所以遇到良机出现时，他们依旧不能当机立断。当他思前想后、左顾右盼的时候，一个能改变命运的绝好时机就这样白白地错过了。这样的人在竞争中无法取胜，在人生中肯定也是个失败者。

所以，在竞争中，我们需要把这个"先"字淋漓尽致地体现出来，一定要想他人所未想，做他人所未做的事，只有这样才能抓住先机，赢得别人没有的发展机会。同时我们需要记住一句话：良机永远不会站在原地等你，如果发现机会出现，那么就马上行动，把它牢牢握在自己手上，如此才能赢得胜利。

卧薪尝胆，三千越甲可吞吴

相信我们绝大部分人都听说过小米手机，很多人还可能是小米手机的忠实用户。为什么在市场竞争如此激烈的情况下，小米手机会拥有大批的使用者，甚至风靡一时呢？

其实，最关键的原因在于它的性价比是非常高的，让很多消费者非常满意。首先小米的性能不错，比其他"山寨机"要高端，性能更好。其次，它价格不贵，非常适合刚刚进入社会或者在学校的年轻人。在小米手机推出之初，国内的智能手机市场被苹果和三星占据了，而且这两个品牌的手机价格普遍都很高，让很多年轻人望而却步。

当然，那个时候除了小米也有很多其他的智能手机品牌，但是小米非常注重"粉丝效应"，针对使用年龄层而给手机打上了"青春"这个定位标签。

于是年轻人们纷纷争相购买，比起用"山寨机"，使用小米显然更符合潮流，更有"feel"。加之小米的广告效应，让这款手机一时间成了一种时尚潮流。它才得以从激烈的市场竞争当中脱颖而出。

可是，现在回过头想想，小米手机真的无可超越吗？当然不是这样，虽然它的性价比很高，但是从性能方面来说还是不如苹果、三星，价格也比其他智能机要高一些。但是，小米手机却能够达到的技术水平上做到最好，并且主打"青春""时尚""潮流"。与此同时，小米手机还实行了"限量销售"的饥饿营销方式。虽然，这只是一个噱头，但是让它在竞争中占据了优势。

事实上，很多广告在采取了这种方式，看上去某款产品无所不能，看上去它是独一无二的。但我们知道，这不过是广告制造的假象罢了，目的是让人们注意它，让它在竞争中突显优势。

这种行为并不是可耻的，相反，它是特定的情况下，人们采取的一种策略。其实，从某种意义上来说，我们每个人都是一件"商品"，无论是在生活还是工作当中，都处于激烈的竞争之中。有时我们需要运用一些手段、制造一些假象，好让自己从困境当中找到突破口。这让我们想起了越王勾践的故事：

　　春秋战国时期，群雄纷争，吴王夫差励精图治，使得国家实力迅速增强。之后吴王便想起父亲阖闾未能征服的越国，便在公元前494年招兵买马，意图一举击败越国。在战争当中，勾践因为判断错误，造成了对战双方实力悬殊，最后被围困于会稽。

　　勾践见结局已定，便派人求和。但夫差却一心想着自己的父亲阖闾因勾践而亡，始终不肯答应。勾践只好贿赂吴国太宰伯嚭，伯嚭便向吴王求情。虽然伍子胥劝阻吴王应该一举灭掉越国，但吴王还是没有听从，比起吞掉越国，他更愿意看到勾践受辱。于是吴王将勾践带回吴国，让他居住在阖闾坟边的简陋屋子里，还让他给自己喂马。

　　勾践表面上一直顺从，尽力讨好吴王。吴王出门他牵

马；吴王生病他尝便断病，就这样隐忍了两年的时间，夫差放松警惕，相信勾践是真的臣服于自己了，于是便放他回越国了。

勾践回到越国之后，并没有庆幸大难不死，而是开始卧薪尝胆，努力整顿内政，发展国力，使得越国的实力不断增强。当然，他在进行这一切的时候并没有大张旗鼓告诉周围的国家"越国越来越强了"。

虽然越国国力增强，但勾践还是对夫差表现得非常顺服，他知道夫差喜欢美女，就寻到西施进献给夫差。还有一次派文种去跟夫差借粮。因为勾践的顺服和西施的"枕边风"，吴王借给了越国一万石粮食，第二年，越国丰收之后便将一万石粮食归还。吴王觉得勾践守信用，非常开心，而且他发现归还的粮食颗粒饱满，便将粮食分给吴国的农民，用作种子使用。

可是这批种子种下去之后一直没有抽芽，直至耽误了播种时节，来不及重新播种，于是在越国丰收的第二年，吴国闹了饥荒。这使得吴国百姓怨声载道。实际上，这是勾践的一个计谋，这些看似饱满的粮食都是蒸熟了的，自然不能发芽。但吴王并不知道，也没有进行调查，因为他不认为是勾践做了手脚。

再后来，夫差想要攻打齐国，大臣伍子胥便说："灭掉齐国只是贪图小利，现在最大的敌人是越国，应该灭掉越国。不能轻易消耗国力。"可夫差一点都不信勾践会对自己起兵，加上伯嚭从中挑拨，吴王便赐死伍子胥。实际上，勾践一直没有攻打吴国就是因为忌惮伍子胥，这下威胁已除，越国便趁着吴国会盟，兵力分散的时候攻打了吴国。这次战争当中越国大大削弱了吴国的实力。之后过了几年，勾践做好准备，终于灭掉了吴国。

吴王夫差临死前说道："我后悔不听子胥之言，让自己落到这个地步。我无颜见他了。"说完便用衣服蒙住脸自尽了。

越王勾践为什么能反败为胜，是因为他能忍耐。他假意投降、装疯卖傻，就是为了营造一个假象，让吴王夫差放弃戒备心理。而这种方式取得了很好的效果，他为越国赢得了足够的时间，最终一举灭掉吴国。

勾践灭吴的故事已经流传了千年，人们之所以对它念念不忘，是因为钦佩勾践的忍耐、不放弃，更是因为它能够在极为不利的情况下，利用假象，为自己找到突破口，从而让自己顺利地渡过困境。

所以，不要觉得"假象"这个词是贬义词。学会如何利用制造假象的策略，让自己找到渡过难关的突破口，同时在竞争当中获得优势，如此你才能在竞争的博弈中获胜。

即便占尽优势，也要避免盲目自大

从前，有一只胆子很小的蚊子，每天过着东躲西藏的生

活。某天，它忽然看到一只苍蝇和狮子决斗，只见苍蝇左右腾挪，不停地对狮子脸部发起进攻。狮子已经抓狂，但是由于苍蝇的动作太快，它根本无可奈何。没过多久，狮子就把自己的脸抓破了，只能丢下苍蝇匆匆逃走了。

眼见如此，蚊子不禁暗暗思忖，苍蝇比自己的能力大不了多少，它能打败狮子，为什么我就不能呢？于是，蚊子鼓起勇气找一个鬣狗挑战，在苍蝇的鼓励下，蚊子发起了猛烈的进攻，尖锐的嘴巴不断刺入鬣狗的脸庞。果不其然，鬣狗的动作比蚊子慢，只能疯狂地抓自己的脸，没过多久就血流满面落荒而逃了。

一下子蚊子扬眉吐气了，不再惧怕任何动物，就连狮子也不例外。它觉得自己占据了优势，比任何动物都厉害，于是，它将谨小慎微的习惯抛在了脑后，走起路来像螃蟹一样横冲直撞。

一天，它看到一只蜘蛛吊在半空，正在张牙舞爪地向自己挑衅。蚊子想都没想，立即朝蜘蛛扑过去，结果被蜘蛛网粘住，转眼成了蜘蛛的腹中餐。

读了这个寓言故事，你懂得了什么道理？没错，成功可以给我们带来自信和勇气，但是如果我们因此骄傲自满、目中无人，很可能面临灭顶之灾。同时，优势并不是绝对的，而是随着各方面因素的变化而变化。我们需要审视自己的优势，对自身标准做出评判，而不是盲目地自信，觉得自己天下无敌。

众所周知，社会是由若干个圈子组成的，即便我们在一个圈子取得绝对优势，并不意味着永远占据优势，在另一个圈子也能占据优势。在这个圈子之外，还有很多新的、更大的圈子，甚至是完全陌生的圈子，如果我们局限于自己的小圈子，看不到外面的广阔世界，看不到自己的不足，那么就只能成为"井底之蛙"，随时有被淘汰的可能。

就好像是一个草量级拳击选手，即便他能够在草量级比赛中获得冠军，但是如果前去参加重量级比赛，恐怕会被实力最弱的选手击败。一个全国拳击冠军，即便他多次在比赛中取胜，若是来到世界拳击的舞台，恐怕也可能不堪一击。

所以，即便我们在某个圈子占据优势，也需要审视自己的优势，同时寻求更多、更大的圈子。只有如此，我们才能不断地开阔眼界，提升自己的能力和价值，从而获得更大的成功。这也就是为什么很多人喜欢扩展人脉，喜欢与成功者站在一起的原因。他们绝不是为了攀炎附势，更不是为了满足自己的虚荣心，而是跳出自己的小圈子。

菲尔德是知名心理学家，他就是曾经说过，最好的朋友都来自陌生人。他知道，当他与陌生人打交道的时候，可以让自己的人脉资源最大化地发展起来，可以从他们身上得到更多的信息和机遇，从而获得更多的财富机会。

有一次，菲尔德只身外出旅行。在一个公园中，他看到一位男士正坐在长椅上读着某位作家新出版的著作。刚想走过去，他发现这位男士看起来非常孤傲，这让自己犹豫了一下。

这时菲尔德暗自为自己鼓劲，心想："那位作家同样是自己所钦佩的，也许，我和这个男士能够成为朋友。"于

是，他走上前去决定试一下。菲尔德坐到男士的身旁，微笑地说道："嘿，这位作家的名作昨天刚刚出版，我跑了几家书店都没有买到，您是在哪里得到它的？真幸运！"

听到菲尔德的声音，那位男士抬起了头看了菲尔德一眼，也礼貌地回答说："这位作家是我的朋友，出版后自然会送我一本先饱眼福了。"

"是吗？这可真意外啊！您能够与这样一位优秀的作者成为朋友，相信您本身也一定是位文学爱好者了，我个人也十分喜爱他的著作，希望能够有机会与您探讨探讨。"

菲尔德的恭维让那位男士放松了不少，他微微一笑，说："他在写作风格上与我是大相径庭的，有时我们甚至会为某些书籍的细节问题争得面红耳赤。不过，这丝毫不会影响我们的友谊，我感觉在争论中我们都会学习到很多东西。"

菲尔德说："是的，是的，当你们再有这样学习的机会时，能否让我也成为其中的一员呢？我也有很多就职于出版界的朋友，相信他们都会喜爱这样的交流机会。"

两个人聊了很长时间，并且越来越投机，互相说着"相见恨晚"。从此，菲尔德不但认识了一个新朋友，并且他清楚地知道，这个朋友的朋友也会对自己有帮助的。

想要成功，我们不能老是混在自己的小圈子里，多看看外面的世界，多加入更大的圈子，如此才能有改变命运的机会。我们需要记住"天外有天，人外有人"这句话，即便我们优势占尽，也要切忌陷入盲目的自大之中，更不要把自己局限于小圈子之内。

与此同时，我们进入一个圈子之后，一定要明确自己的角色定位，和有优势的人站在一起，学习他们身上特有的东西，相信有一天你必定也能拥有同样的优势，获得同样的成就。

所以，最能赚钱的犹太人经常这样说："穷，也要站在富人堆里。"

用合作化解争斗，才叫一流

萧伯纳有一句名言：假如你有一个苹果，我有一个苹果，当我们交换之后每人仍然只有一个苹果；但是，如果你有一个思想，我有一个思想，当我们交换之后每人就会有两个思想。这是一种分享思维，更是一种合作共赢思维。

在市场竞争中，虽然我们和对手是竞争、对立的关系，但彼此并不是敌人，更没有不可调和的矛盾。相反，我们需要有一个合作共赢的心态，尊敬对手，尽力寻求互惠的合作意向。原因很简单，斗争思维是损人不利己的，如果我们把对手当敌人，一心只想着打败对方，甚至不择手段把对手逼入死角，那么不仅容易激起对方的拼死反抗，造成两败俱伤的结局，还可能让自己的路越走越窄。

俗话说："多个朋友多条路。"在商场上，多个朋友就多条财路，只有我们培养双赢思维，学会用合作化解争斗，才能创造更多的机会和资源，赢得更多的财富。事实上，现实生活中有很

多合作共赢的案例，这些聪明的商人在商业往来中把握住了双赢的技巧，所以生意越做越大，发展越来越好。

　　通用汽车和丰田汽车的合作就是最好的例子：

　　美国通用汽车公司是世界上最大的汽车公司之一，在它的发展历程中，经历过风风雨雨。20世纪80年代末，通用汽车开始走下坡路，推行所谓"当代领袖计划"也徒劳无益。1993年，在重重危机之中，通用公司董事会爆发了一场"政变"，55岁的杰克·史密斯被推到了总裁宝座，他大胆进行变革，才使通用汽车再现辉煌。

　　在过去的10年中，通用汽车被日本的丰田、本田汽车侵占了不少市场，通用汽车与丰田汽车成了一对最大的冤家。日本丰田汽车公司成立于1938年，它是由丰田自动织布机制造厂老板的儿子丰田喜一郎创建的。在公司成立之前，丰田喜一郎研究了一台从美国买来的汽车发动机，经过几年的研究他于1935年制造出了第一辆丰田卡车。丰田汽车创办之初，大量使用了福特车和雪佛莱的部件。

　　1957年，"丰田"小轿车正式对美国出口，但整个年度只卖掉288辆。接着陆续向美国推出的"皇冠""光冠"，战绩依然不佳。美国的三大汽车公司福特、通用、克莱斯勒都没有把日本人放在眼里。

　　然而，日本人并不气馁，丰田公司"十年磨一剑"，他们于1966年推出世界级名车"花冠"，再度进军美国市场。"花冠"很受美国人欢迎，很快攻下美国这个通向汽车世界市场的桥头堡。

进入20世纪的70年代，两次石油危机的爆发，使经过充分改进的"丰田"小型轿车，以节省能源等巨大优势，向美国发起了全面的进攻，争夺汽车市场份额。

日本汽车在美国大获全胜，使世界汽车行业的座次重新排定：第一是通用汽车公司，第二是福特汽车公司，第三是日本丰田汽车公司，第四是日本日产汽车公司。美国汽车业虽然还占据前两位，但他们不得不惊呼："狼来了!"

进入20纪80年代初，美国汽车公司全面亏损，其中1980年克莱斯勒赤字达17亿美元，福特达15. 4亿美元，最少的通用公司也亏 7亿多美元。而日本汽车还在源源不断涌向美国。1981年日本车在美国的销量超过了美国汽车总销量的20%，美国人不得不采取措施，限制日本汽车进口量。

1990年，美国对日本的贸易逆差高达4100亿美元，其中汽车贸易逆差竟达到75%。1992年，美国总统乔治·布什访日，底特律三大汽车巨头紧随其后。日本首相表示："通用汽车对于美国的重要性有如他们的国旗，我可以理解他们被日本人击垮时的感受。"此后美国调整战略，向日本汽车发动全球性反攻。可争斗的结局并不好，通用和丰田都没有吃到甜头。

进入90年代后，世界汽车业加快了国际化步伐，为了寻求更大的发展空间，获得更大的收益，这对最大的冤家也化敌为友，联手合作——通用和丰田公司共同研究开发高科技环保汽车。

两强联合，你中有我，我中有你，使往日弥漫的硝烟被驱散。丰田与通用在世界汽车市场有了更强大的竞争力，发

展速度更是迅猛无比。特别是对于通用公司来说，使其工人失业等竞争带来的危机得到缓解。

而通用汽车与丰田汽车的合作，也引起汽车公司其他挑战者的进一步联合。例如福特和日本第三大汽车制造商东洋工业(松田)公司达成合作协议，克莱斯勒和三菱汽车合作，福特和法国的波吉奥汽车公司和德国的大众汽车公司建立起合作关系……

通过这个案例，我们不禁要问，既然合作可以达到共赢，为什么还要争斗呢？

我们应该跳出非赢即输的思维模式，这种模式只能让我们陷入了争斗，并且陷入思维的死胡同之中。虽然商业活动中，竞争是自然法则，但并不是说有竞争就必须有输赢。我们需要知道，竞争对手并不是仇敌，竞争也不是非要论个你输我赢。如果一味地争斗起来，结果只能是鱼死网破、两败俱伤，还可能导致市场的混乱。

所以，摒弃争斗思维，用合作化解争斗吧！当你这样做了之后，就会发现合作往往比争斗更合算。

越是旗鼓相当的敌人，
值得我们学习的地方越多

在商界有一句这样的话，即"同行是冤家"。的确，在大多数人看来，对手之间是竞争的、对立的关系，似乎只有鹬蚌相争的可能。但是，对手之间就没有合作的希望吗？对手之间就必须是敌对的关系吗？

答案是否定的。我们前面的章节也说了，对手可以达成合作，可以实现友好共赢。不仅仅如此，我们还需要向对手学习，学习他们的优点、长处，促进自己不断成长发展。而且越是旗鼓相当的对手，我们就越应该向他学习，让他成为自己前进道路上的动力。

犹太人是天生的商人，他们的思维是其他人不具备的。他们认为，越是对手和敌人，自己就越应该向他们学习；越是强大的对手和敌人，身上可供自己学的东西才越多。为什么会这样说？犹太人的理解是：越是强大的对手和敌人，他们的能力就越强，优势就越大，让自己充满了危机感。在与这样的对手和敌人较量时，自己的能力会随之增长。同时，对方要消灭你，一定是用其心力，倾其智慧。殊不知，对手使出浑身解数的时候，也正是传授给自己招数最多的时候。

所以，犹太人在经商过程中遭遇强大的对手，他们会恭喜自己的，然后为之付出全部精力。同时，他们时常会挑战比自己强大的对手，目的就是为了增强自己的能力和竞争力。

说到底，一个真正相配的对手，对彼此来说，都不失为一种极其难得的资源，从某种意义上说，两个强大的对手之间是"相斗相亲"的。所以，很多聪明的商人会与旗鼓相当的对手惺惺相惜，给予对方足够的尊重。

30年前的美国新闻界，《华盛顿邮报》和《华盛顿明星

新闻报》是一对竞争非常激烈的死对头。1972年，水门事件最初被《邮报》披露。为了表示惩罚和恐吓，总统尼克松表示只接受《新闻报》独家采访，而把《邮报》记者赶出了白宫。机会就这样无声无息地摆在了《新闻报》的面前。就在这时，《新闻报》却发表了一则大大出乎白宫意料的社论，称它不会作为白宫泄私愤的工具来反对自己的竞争者，并言之凿凿地宣称，假如《邮报》记者不能进入白宫，他们也将停止采访。

为什么《新闻报》会支持《邮报》这个强劲的对手？为什么不趁机给予它更多的打击？是因为《新闻报》知道，一份报纸如果没有对手，就会变得死气沉沉。正是由于有这个强大的竞争对手的存在，自己才不断发挥出自身潜能，变得越来越强大。即便目前双方均处在最为辉煌的时候，但是如果一方消亡，那么另一方就很可能走向衰退。所以，《新闻报》不仅把《邮报》看作是竞争对手，更把对方当作不可或缺的"朋友"。

早在几千年前，古代儒家代表人物孟子就告诉我们这个道理，"出无敌国外患者，国恒亡。"无独有偶，奥地利作家卡夫卡也说："真正的对手会灌输给你大量的勇气。"从这两句话中，我们不难看出，善待对手，方尽显品格的力量和生存的智慧的雄韬伟略。我们不要把竞争对手看作敌人，而是应该冷静地观察对手，并客观地审视自己，在和对手较量的时候不断提升自己。

牛根生一手打造了中国最强的牛奶企业——蒙牛，成为一位不折不扣的亿万富翁。牛根生也算是白手起家，而他从一无所有到亿万富翁，靠的就是他的共赢之道。在成立蒙牛之前，牛根生是伊利集团的副总裁，牛根生所主管的事业部，也正是伊利集团最重要的部门。后来，他离开了伊利，成立了蒙牛，并且凭借个人能力把企业办的如火如荼。

可想要得到更大的发展，牛根生根本绕不过伊利——这一中国乳业的龙头老大。为此，牛根生在宣传蒙牛的时候，广告语赫然写上了类似的话语："向伊利学习，为民族工业争气，争创蒙古乳业第二品牌！""为民族工业争气，向伊利学习！"牛根生并不是想借着伊利的名字打响自己的名声，而是真正想要做到共赢的。因此，在伊利出现事故的时候，蒙牛不仅没有落井下石，反而不计前嫌的站出来为伊利摇旗呐喊。

当有人采访牛根生的时候，牛根生给出了这样的回答："竞争会促进发展，最后达成的结果不一定是你死我活，也可以是共赢……伊利和蒙牛都是草原乳业的招牌，应该拥有共同的目标，那就是把草原乳业做大。蒙牛与伊利的利益是息息相关的。"因为牛根生有共赢的思维，不断主动靠近伊利、学习伊利，所以才实现了真正的共赢。

总之，竞争是辩证的，它在导演着一幕幕胜利者喜剧的同时，也无情地扑救一曲曲失败者的悲歌。

所以，我们不要排斥竞争对手，反而应该主动接近对手，并了解对手，学习对手。我们不应该用仇视的心理对待敌人，而应

该把他们当作是前进道路上的动力，尊敬和善待他们，不断从他们身上学习有价值的东西。如此一来，我们才能更快地让自己进步，才能让彼此实现真正的"双赢"。

第七章
思别人所未思，行别人所未行，才成精英

很多人追求成功和财富，为什么最后只能铩羽而归？就是因为他们没有足够的勇气和魄力，没有标新立异的思维。聪明人恰好相反，他们敢于思别人所未思，行别人所未行，所以成为人人羡慕的精英，成就人人羡慕的成功。

摆在所有人面前的机会，不是机会

马云曾经说："任何一次商机的到来，都必将经历四个阶段：看不见、看不起、看不懂、来不及。"这就是告诉我们，想要抓住商机，就应该在别人看不到时采取行动，若是等到别人都看到时，那这个商机就没有任何价值了。若是为了安全起见，只是跟随别人的脚步，那别说商机了，还可能让自己陷入陷阱中。

我们经常看到这样的新闻，某只股票前景大好，一个投资者看到了机会及时出手，结果赚取了一大笔钱。接下来，很多人看到了这个机会纷纷跟风买进，甚至不惜抛掉原本涨势不错的股票。结果情况如何呢？股票大涨之后就是大跌，那些看到别人赚钱就跟风的人被套牢，损失惨重，甚至出现了倾家荡产的情况。

现在网红那么多，直播卖东西的也数不胜数，可是能够成功的绝对是最先发现商机的那些人，而不是那些盲目跟风的人；现在微商发展极为繁荣，每个人身边都有很多微商在宣传，可是能赚钱的绝对是那些最先行动的人，而不是那些看到别人赚钱才行动的人。

那些跟随的人自以为很聪明，自认为对未知因素和冒险都能够看得很清楚，不去做任何冒险的事情，自认为跟着聪明的人行动就可以分一杯羹，实现自己的财富梦想。可是他们没有想过，通往成功的道路，只有少数人走，自然非常通畅，很快能到达终

点。可若是这条道路上挤满了人，这条路又会变成什么样子呢？人们会相互争抢，财富和机遇会变得越来越少，甚至还有可能被别人挤下去，或是踩到脚下。

追求财富的路有千万条，为什么非要与别人挤在一条道路上呢？让自己敏锐一点，运用自己的头脑和智慧，寻找别人没有尝试的道路，看到别人没看到的机会，岂不是走得更远？

现在电子商务发展非常繁荣，可是由于竞争异常激烈，个人网店的生意并不好做。这时候，很多人开始谋求新的出路，发掘别人没有发现的商机。别人都卖各种商品，可一个年轻女孩却卖起了时间。

这个女孩叫陈潇，从2008年12月开始就在淘宝网上"销售时间"。她声明："除非法、暴力、色情业务不接外，其余均可按顾客要求安排陪人的时间，包括接送孩子、买鲜花、买火车票、到医院陪伴输液等。你可以要我帮你做你不好意思或是没有时间做的事件，当然条件是我有时间，做我愿意做的事件。这里一小时的拍售价是10元，一天时间的拍售价格是100元"

"太有才了！""生意兴旺！"这是众多网友给陈潇的留言。"销售时间"网店人气兴旺，已有数千人"购买"，盈利上万元，有超过一万人收藏了她的淘宝店铺。店主陈潇说，顾客多半是"80后"，其中接到最多的业务就是"给陌生的男孩表白""为心爱的女孩挑件衣服"等"爱情任务"。

陈潇看到了网络时代的到来，但是和别人一样卖衣服、卖饰品或许只能做无数淘宝店主的一员。她看到了别人没有看到的商机，率先销售自己的时间，并且对这一新奇创意进行包装和宣传，所以赚取了属于自己的财富。

所以，不要羡慕别人抓到了好的商机，不要眼红别人赚了大钱。若是想要成就财富梦想，我们需要培养聪明人的思维，看到别人无法看到的机会，抢先一步行动。

聪明人之所以能赚取财富，并不是他们付出的努力比别人多，而是因为他们具有精明的头脑和与众不同的思维。他们知道，看到别人没有发现的机遇，并且先人一步抢到，往往可以获得巨大的收获。等到别人都看到这个机遇，并且付诸行动的人，那么这个机遇就没有太大价值了。

记住马云的话"任何一次商机的到来，都必将经历四个阶段：看不见、看不起、看不懂、来不及。"当看到别人的尝试获得了成功之后再行动，企图抓住财富机遇的尾巴，企图跟随别人打开财富的大门。这样的做法往往适得其反，让自己面临一无所获的困境。

摆在所有人面前的机遇，已经没有了价值；眼前所有人看得见的财富，已经成了别人的囊中之物。我们只有运用自己的智慧，到没人发现的地方，发掘别人还没有发现的机遇，才能赢得属于自己的财富。

谁先看到下一个热点，谁就会成为热点

　　所有人知道，谁先抢到热点，谁就抢到了机会，谁就离财富更进一步。凡是在商海中摔打过的人都明白，抢先一步并不难，只要有足够的行动力，看到机遇马上行动就可以了。可仅仅抢到热点就够了吗？抢到了热点，就一定能创造巨大的财富？

　　答案是不确定的。热点是什么？就是热门机遇、热门项目、热门行业。既然它能够成为热门，说明绝大部分都看到了它的价值。既然如此，我们的问题就来了。一旦这个热点被更多的人看中，那么其价值就有所降低，人们从中获取的收益也就会大打折扣。

　　凡是在商海中摔打过的人都有敏锐的眼光和出色的行动力，看到热点便都想着领先一步。若是你慢别人一拍，那么就只能跟随别人的脚步，在竞争中处于劣势。所以，聪明的人不会跟随着别人的脚步去追逐热点，而是想办法寻找和探索别人还没有看到的热点。

　　事实上，凡是有远见的人，对所谓的热点和冷门都有独到的见解，他们知道，“冷”和“热”只是暂时的、相对的，随着大环境的变化，两者是可以相互转化的。看似不被人注意的大冷门，往往可以成为下一个热点。所以，他们通常会凭借敏锐的眼光通过蛛丝马迹从冷门寻找热点，寻找潜藏在其中的机遇，甚至想办法在冷门中制造热点。

　　吕有珍是商界少有的女中豪杰，当初她刚刚接任运通公司总经理的职务后不久，就在抓大机会方面露了一手，显示了她超群的决策能力，大大巩固了她的总经理位置。

　　1992年，吕有珍在经过仔细周密的调查研究后发现，随着改革开放的深入和扩大，广州的发展逐步趋于相对饱和，扩展业务势在必行。当时的房地产商都把资金、技术全部投向广州南面的珠江三角洲，使之成为投资热点。与此对照，广州城北的小县城——花县却显得冷冷清清、无人问津，没有人愿意把资金投向这里。

　　经过冷静思考后，吕有珍把广州扩展的理想区域认定在地处北面的花县。她坚信花县终有一天会成为热点，大机遇将来临，机不可失。在董事会上，吕有珍把"天机"告诉了大家。

　　然而就像吕有珍事先料想的一样，大多数董事都没有看出形势发展的趋势，多数人持反对意见。最后，吕有珍力排众议，毅然拍板定夺，购置了1200亩花县土地。她对董事们解释说："我们可以用这次购置的土地做些大项目，土地自然也就跟着升值。大家到时就能看出来了。"

　　真知灼见在刚刚萌生的时候往往会受到多数人的误解，如果主张者没有勇气坚持和兑现自己的见解，或者只是随便谈谈，那他的见解永远只是一种看法，它的价值就无法得以兑现。

　　时间是检验真理的一种依据。虽然暂时说服了众人，但是多数董事们都在瞪大眼睛、密切注意着这1200亩土地的动

向。而吕有珍只有一个念头：要放长线钓大鱼，花县肯定有一天会火起来的。可是，这长线一放就是两年。在此期间，吕有珍承受的寂寞和压力是常人难以想象的。她也曾担心，这押上了大笔资金的1200亩土地，万一一直就这样沉寂下去怎么办？但吕有珍还是把所有的压力都自己担当了下来。

1993年，花县改为花都市，国家决定在花都市建设中国最大的广州国际机场，建立京广铁路客运大站，建设花都港，修建南方最大的商贸场。陡然间，这里地价猛涨几倍。就是在这无人问津的冷门之中，吕有珍却凭借敏锐的眼光看到热点和大机会，最终带领着运通公司向前跨出了扬眉吐气的一大步。

大好机遇，可能让人成就财富。可是，它不仅藏于热点之中，更多时候藏于冷门之中，藏于我们日常生活中。所以，想要获得成功，我们不应该热衷于追逐热点，而是应该善于思考、善于发现，洞悉冷门中的热点。

广东人有一句口头禅："饮头啖汤。"所谓头啖汤，就是第一口、第一锅汤的意思。第一口汤是最新鲜的，饮上第一口汤才能品尝人间最珍贵的美味。其实，世间的道理都是一样，谁能够先发掘下一个热点，谁就能抢到别人没有看到的机遇，谁就能拥有巨大的收获。

抛弃一些固有的思维，扩展自己的思维能力，如此一来，我们才能提升对于机遇和时势的敏感度，发掘下一个热点。

你与精英之间，就差一个创新思维

人是善于模仿的动物，谁也不能例外。小时候我们模仿各种动物的动作、模仿大人说话做事；长大后，我们模仿明星穿搭、模仿他人的成功。事实上，模仿确实可以让我们得到成长或收获，模仿明星穿搭，我们可以让自己更漂亮；模仿他人的成功，我们可以让自己少走很多弯路。

但是我们需要明白，在最开始的时候，由于缺少机会和能力，我们可以模仿别人，借鉴别人的成功经验。但是模仿只是手段，不是目的，更不是最终结果。模仿是暂时的，不是永远的，更不是永恒。我们可以模仿别人的成功经验，但是每个人都有每个人的性格、处事方式、思维习惯……

别人的成功经验是根据自身条件打造，未必完全适合你，若是你一直按照别人的模式来行动，那么就像是拿着别人的地图一样，永远也找不到属于自己的道路。所以，想要成功，我们就必须做好自己，拥有独立的思维，敢于从模仿迈向创新。

多年前，说到智能手机，人们自然就会想到苹果、诺基亚、三星等知名品牌，但是这些手机品牌在当时非常昂贵，让很多年轻人望而却步。这个时候，小米横空出世，它以价格低、时尚、智能、操作简单有趣赢得无数年轻人的喜爱和追捧。

短时间内，小米手机横扫了亚洲市场，并在全球范围内引领起以大众所能接受的低廉价格生产出强大功能电子设备的潮流。自从2011年8月小米手机正式面世，到2013年8月的融资后，"小米"的估值已经超过了100亿美元。这一惊人的成长速度让小米成了手机市场的又一个传奇。

这一切的缔造者就是雷军，可是在这之前，人们几乎没有听过雷军这个名字。

雷军是湖北仙桃人，曾就读于武汉大学计算机系。在大学期间，雷军读到一本书《硅谷之火》，这是一本讲述盖茨、乔布斯早年创业传奇的书，这本书对雷军影响非常大。那时候，《硅谷之火》点燃了雷军的梦想之火，他告诉自己，总有一天，他要写一套软件，让这套软件在全世界每一台电脑上运行，总有一天，他会创办一家公司，让这家公司成为世界上最"牛"的软件公司！

盖茨和乔布斯都是大学时候创业成功的，雷军认为，自己同样能够如此。于是，怀抱着这样一个梦想，大四的时候，雷军急匆匆地和三个朋友一起创办了三色公司。

创办这间公司，更多是源自当时的热血，实际上，那个时候，他们甚至从未理智地探讨过关于开办公司的各种实际事项，比如怎么投钱、经营什么、怎么赚钱、谁说了算等等。公司一开，四个好朋友就兴致勃勃地每人分了25%的股份，个个平起平坐。

很快问题就来了，四个人持有股份都相等，权力大小都差不多，人人都能当家做主，这就意味着，人人都不能当家做主。于是，几乎每件事情都要花费大量时间去反复讨论，即便如此，有时也难以得出一个结果，甚至连总经理都改选了两次。

由于对公司的发展和产品都没有一个清晰的定位，因此三色公司什么活儿基本都做，业务范畴很宽，卖过电脑，做过"山寨"软件，连打字印刷的活儿也接。

"山寨"汉卡是当时三色公司的"主要业务"，通过这一软件，他们也小赚了一笔。但随后不久，有一家规模更大、资本更雄厚的公司把他们又给"山寨"了，而且人家资本雄厚，有条件更大规模地生产同类型产品，并且能把价格压得更低。

三色公司一味模仿别人，将"山寨"软件作为了企业的重点，虽然暂时获得了一笔财富。但是，一味地模仿而没有创新思维，不能开发新产品，营造自己的优势，那么企业根本无法走得长远。于是，仅仅半年的时间，三色公司就关门大吉了。

这一次失败，给了雷军沉痛的教训，更让他认识到了创新的重要性。过了一段时间后，雷军冷静下来，开始寻找未来的出路。

2010年4月，雷军创办了小米科技。在这个过程中，雷军经过了打磨和历练，不再是那个初生牛犊不怕虎的大学生。在创业之初，雷军还是从模仿做起，学习苹果的先进经验，但是他并没有一味模仿，而是想办法突破自己，把创新思维融入小米。

小米首创了用互联网模式开发手机操作系统、发烧友参与开发改进的模式，创新了"猫耳屏"，并且开发了小米智

能电视、小米智能电器等等。正是因为小米不断在营销和技术上创新，所以成了国内市场上智能手机中佼佼者，也让小米成了年轻人追捧的对象。

2014年第三季度，小米在全球智能手机市场份额中已经跃居第三名，仅次于苹果和三星。2015年售出手机超过7000万台，营收达到780亿元人民币。到了2019年上半年总收入将近千亿元人民币，手机业务收入达到人民币590亿元人民币，全球出货量约6000万台，智能电视全球总出货量达540万台。

雷军从失败到走上巅峰，就是因为他明白，简单的模仿别人只会让企业走入死胡同，只会让人走向彻底的失败。他从模仿走向了创新，成了人人羡慕的成功者，成就了自己的梦想。

所以，我们需要知道，不管任何时候，创新思维都是一个人成就事业和梦想的关键，只有走出创新这一步，我们才不会迷失自己，才能实现自我的突破，从而成就属于自己的成功。

当然，从模仿到创新，虽然只有一步，但是这一步却是最艰难的。它需要我们有足够的勇气和气魄，需要我们有长远的目光和活跃的思维。缺少任何一点，这一步我们都无法成功迈出！

你要做的，和别人想的不一样

曾经看到这样一个故事：

有一对父子，生活很贫穷，父亲永远在烦恼生活的来源，儿子看到之后就问自己的父亲："我们为什么会这么穷呢？"

父亲很不高兴地说："当然是因为没有钱。"

儿子疑惑道，问："为什么我们会没钱呢？富翁家里不是有很多钱吗？"

父亲无奈地说说："没错，他们是有钱，但那不是我们的钱啊。"

儿子不解地问："为什么不可以拿来用呢？我们可以将这个钱变成是自己的钱啊！"

父亲满脸忧郁地说："我们必须按照他们制定的游戏规则，付出我们的劳力或一些代价，才能获得一些小钱，否则一分钱都拿不到钱。"

儿子想了想问父亲："我们也可以自己订游戏规则啊，让他们把钱自动的送给我们，不就可以了吗？"

父亲哈哈大笑地说："你个小孩子懂什么？我们没钱、没权利，怎么能制定新的游戏规则？这简直是做白日梦，你赶快去睡觉。"

可笑的是孩子，还是这个父亲？答案肯定是后者。故事中父亲想要成为富人，可是却沉浸在别人制定的游戏规则中，从来没有想过要跳出来，更没有想过开辟出一个新的规则。如此一来，他就只能遵守别人的规则，跟着别人的脚步，无法摆脱贫穷的困境。

很多时候，我们不是没有新路可走，只是我们已经习惯了跟着别人走，结果把道路越走越窄，把生活过得越来越穷。可是为什么要这样呢？

这个世界上，能够创造财富、抓住机遇的聪明人，永远都是和别人走不一样的路的人，永远都是和别人有不一样想法的人。因为他们敢想别人不敢想，敢标新立异，所以能够引领潮流，并创造出一条新的财富之路。

说到这，想起卡耐基说的一段话："发现你自己，你就是你。记住，地球上没有和你一样的人……在这个世界上，你是一种独特的存在。你只能以自己的方式歌唱，只能以自己的方式绘画。你是你的经验、你的环境、你的遗传所造就的你。"

没错，跟着成功者走，确实可以让我们赚到钱。可是，机遇是有限的，市场是有限的，当所有人都抓一样的机遇，所有人都走一样的路，那么即便是再好的机遇也很难再创造更多的财富，即便是再好走的路也会变得拥挤不堪、寸步难行。

所以，不想贫穷的生活，不想成为平庸者，我们就需要大胆做自己，大声宣称"我要和你不一样"。标新立异，追求与别人不一样，那么你就比别人更容易拥有创新思维，容易比别人看到更多机遇。

下面我们就来看看当年的"钻石大王"彼得森是如何做的：

彼得森是一家戒指公司的创办人，为了打开竞争激烈的市场，他不得不开动脑筋，寻找新的创意。

彼得森明白，想要让自己的戒指充满创意，那么就必须着力打造自己的特色，否则便是哗众取宠。经过一些考察，彼得森在订婚戒指图案的表现方法上动了一番脑筋。

彼得森想到，象征着爱情的首饰多数以心形构图，这已经被广大消费者接受，所以，他对此传统依然沿用。然而在构图的表现方法上面，彼得森却独具匠心。他将宝石雕成两颗心互相拥抱状，以此表现出"心心相连"的浪漫。接着，为了表现爱情的纯洁，他又用白金穗铸成两朵花托住宝石。

这个创意，令所有人都很满意。不过，彼得森却还没有满足，他在两个白金穗中，又设计出了一个男婴和一个女婴。女婴手里，牵着挂在宝石上的银丝线，以此来祝福新郎新娘未来美满幸福的家庭。那条男女婴儿牵的银丝线更是独具特色，那银丝线上有很多手工镂刻出的皱纹，皱纹的数目能够随意增减。这个设计，彼得森是为了方便购买者，让他们可以利用皱纹来做记号，比如男女双方的生日、订婚日期、结婚年龄及其他私人秘密。

彼得森标新立异的设计，令这款戒指非常受欢迎，几乎每对新婚夫妇都会对它赞不绝口。就这样，彼得森公司的生意越来越兴隆，很快从市场上脱颖而出。

不过对于创意，彼得森永远不会感到疲倦。在掘到第一

桶金后，他并没停步，而是不断探索戒指生产的新方法、新工艺，并在1948年发明了镶嵌戒指的"内锁法"。

1948年的一天，以为富商慕名而来，他拿出一颗硕大漂亮的蓝宝石，要彼得森镶嵌出一个与众不同的戒指，并且最好能使蓝宝石得到很好的体现，商人想将这枚特殊的戒指送给自己的女友。看着这颗宝石，彼得森的创意来了。他在图案上没什么惊人的举动，只有在那颗蓝宝石上打镶嵌戒指的方法的主意，如用金属将宝石包托起来，这样宝石有近一半被遮盖，而商人的要求就是尽量体现出宝石来。

正是这一次的创意，使得内锁法这种钻戒行业中的经典加工方式，被彼得森创造了出来。利用这种方法制造的钻戒，宝石的90%便暴露在外，只是掩盖了底部的一点面积。当富商高价购买了这种戒指，彼得森再次名气远扬了。

这种内锁法一经上市，立刻得到了消费者的喜爱。这一项发明很快便获得了专利，珠宝商们竞相购买，彼得森赚到了很多技术转让费。

后来，彼得森又发明了一种"联钻镶嵌法"，采用这种方法将两块宝石合二为一做成的首饰，能够使1克拉的钻石看来像2克拉那样大。这种轰动效应，使人们到处抢购这种戒指，而珠宝商们纷纷购置这项专利。彼得森利用自己聪明的头脑与大胆的设想，最终成为"钻石大王"。

彼得森的成功，实际上就是标新立异的成功。在他看来，和别人一样，只能在竞争中苦苦挣扎，很容易被别人淘汰。可如果能够在创意上下功夫，标新立异，那么就可以把东西做得与众不同。

事实上，这也是绝大部分聪明人奉行的准则。在追求财富的道路，他们不是追赶潮流、跟随别人的脚步，而是会积极动脑，想别人不敢想，大胆开辟新的道路。因为和别人想的不一样，和别人走的路不一样，赢得的机会和财富也与众不同。

所以，面对成功和财富，我们需要做的，就是和别人不一样。这绝不仅仅是一句口号，而是应该成为我们的一种思维习惯，并且贯彻到行动之中。

任何时候，都不要失去天马行空的想象力

有人说，追求成功和财富是没有最好的捷径的。如果非要找一条捷径的话，那就是思别人所未思，行别人所未行。这就是需要我们让思维活跃起来，拥有创新思维。而创新思维的开发，离不开丰富的想象力，离不开天马行空。

或许很多人认为某些人的想法是异想天开，是荒唐透顶，但是若是没有天马行空、胡思乱想，那么人们就失去创造力、创新力，更不可能创造一个又一个奇迹。一个人只有具有丰富的想象力才能想别人不能想，才能走出与别人不同的道路，从而创造奇迹。

美国莱特兄弟是一对充满想象力的孩子，一次两人在大树底下玩，抬头一看，只见一轮明月挂在树梢。于是，两人

就产生了爬到树上摘月亮的奇思妙想。结果，他们不但没有摘到月亮，反而把衣服刮破了。后来，两个人看见空中的大鸟，又产生了神奇的想象，人能不能插了一对"翅膀"呢？如果我们人也能像鸟一样在天空中飞翔就好了，那样我们就能去天空中摘月亮了……

正是因为他们的脑袋里充满奇思妙想，所以他们的思维比别人更活跃，探索能力和行动能力也比其他人更强。他们想像鸟儿一样飞上天空，所以他们不断地研究航空知识，想要制造一只能飞上天空的飞行器。

1903年，他们根据风筝和鸟的飞行原理，成功制造出人类历史上第一架飞机。虽然这架命名为"飞行者"的飞机在空中只飞行了12秒，高度只有37米，可它却是第一次将人载入了天空，使人终于给自己插上了"翅膀"，莱特兄弟也因此被载入史册。

若是莱特兄弟的脑袋里没有那些奇思妙想，恐怕他们不会对飞行那么感兴趣。若是他不幻想着飞上天空，恐怕人们至今还不能坐上飞机，那么人类的飞行事业、航天事业就可能得不到发展。

想象力是孕育一切创新的源头，任何时候，我们都不应该失去天马行空的想象力，而是应该让自己的思维活跃起来，大胆地去想象，不断地去探索。即便你的头脑中闪过一个离奇的念头，也不要急着否定它，说不定这个念头就可能是你创新的根源。

想象力是在你头脑中创造一个念头或思想画面的能力，这是一种创造性的高级思维。这种思维模式能够让你不断开拓思维、不断探索和创新。事实上，很多成功的创新都是来源于头脑中突然闪过的突发奇想，比如互联网的产生，比如某知名音乐的产生等等。

很多人羡慕贝索斯的辉煌成就，视他为头脑聪慧的代表，然而他也不是天生的天才，他的成功，大多源自比常人更丰富的想象力。英国BBC新闻评论说："如果将互联网视作一种新的摇滚，那么贝索斯就是其中的猫王……他将是最终的幸存者。"

正是因为贝索斯的思维非常活跃，拥有非凡的想象力，所以他不断推动亚马逊的创新，不断促使亚马逊进行技术变革。

从创业到成功，贝索斯也不是一帆风顺的。在残酷的市场竞争中，亚马逊的书籍销售曾一度呈现下滑趋势。这主要由两方面的原因造成，一是出版商从中谋取大量利润，使得书籍售价持续走高；二是盗版书籍猖獗，不仅影响了亚马逊的营业额，也有害正版读者和作者的利益。

如何解决这些问题呢？贝索斯冥思苦想，后来他突发奇想，是否可以将图书变成一种带有亚马逊标志的电子产品？后来，贝索斯在一次主管会议中力排众议，宣布开发一款电子阅读器。这，就是"Kindle"系列电纸书的问世。

通过这种阅读器，图书不再需要打印、运输等额外成本，因此价格比普通书籍要便宜得多，重量更轻，只要有网络的地方，读者随时可以浏览最新的书籍信息，购买并下载书籍进行阅读。更重要的是，这些电纸书带有亚马逊的标志，有效地避免了书籍盗版问题。在推出Kindle当年，亚马逊的书籍销量增长38个百分点，利润更是直接翻了一番。

贝索斯平时喜欢听音乐，有一天他在一边洗澡一边听歌，他想调换歌曲却又不想起身，然后突然想到，如果音响能听懂人们说话该有多好。于是，他立即把自己的突发奇想变成现实，开发了一个会说话的音响，它能够声控音乐、查天气、设闹钟、出百科题……

一开始，许多人不看好这款Echo音箱，但贝索斯确信，语音是最简单、最自然的交互方式，也是人类沟通最基本的方式。使用Echo音箱时，用户只需要下达语音指令，就能便利地使用该设备。没多久，Echo就拥有了超过500万台的销量，成为当时最热销的产品。

在残酷的市场竞争中，无数公司在生死线上挣扎，亚马逊却爆发出了惊人的潜力，这无异于一场奇迹，而这一切源自贝索斯的突发奇想，不断追求突破，追求新意。

每个人都有独一无二的想象力，这其中蕴藏着巨大的能量和财富，只要你肯去发掘它，就会创造出了惊人的财富。这是因为唯有丰富的想象力，才能让我们具有超凡的思维、无限的创造力和创新力。可事实上，很多人的想象力在小时候被父母限制了，长大后又因为种种顾忌而不敢天马行空，所以他们创新能力低下，更失去了创造性，结果只能跟在别人身后拾人牙慧。

所以说，我们不仅要做敢于行动的聪明人，更应该让思维的翅膀任意飞翔，开启我们的想象力，提升我们的思维力，如此才能引发创新思维的发展，创造一个又一个奇迹。

你可能不被理解，但你一定要学会坚持

莎士比亚说："千万人的失败在于做事不彻底，往往离成功还差一步便终止不再做了。"这句话告诉我们，成功是不会轻易到来的，只有学会坚持，熬得过严冬、挺得过黑暗，才能赢得最后的成功。

同时在这条道路上，越是到最后就越难走，就像是黎明前的黑暗是最黑暗一样。但是这最难走的一段路，恰恰也是最关键的一段。只要我们能迈过这一步，就可以到达成功的彼岸。

创新这条路也是如此。事实上，很多人都具有创新意识，也能够以足够的热情追新求异，但是创新这条路并不好走，可能会遇到很多困难和挫折，或是遭遇无数的质疑及反对，或是遭遇多次失败的打击。

人们的热情会被消耗，积极性会被消磨，甚至怀疑自己。这个时候，到底是坚持创新，还是放弃呢？回答这个问题之前，我们不妨看一个故事：

前面我们说了贝索斯创立亚马逊的故事，亚马逊的成功在于贝索斯的创新思维，更在于他对于创新的坚持。

在一次采访中，有记者提问贝索斯创业以来遇到的最大困难是什么？

贝索斯回答："至于最大困难，我认为是外界的不理

解。亚马逊从一开始就养成了厚脸皮，因为亚马逊总是无法盈利，人们对其提出质疑。"

然后，贝索斯开始变得严肃起来，"无论何时，当你试图做一些颠覆性的大事的时候，都会有批评家产生。批评家分为两种。有些是善意的批评家，他们确实误解了你在做的事情，或者真的有不同的意见。另一种是以自我为中心的批评家，他们从既得利益出发，厌恶你所做的事情，然后他们总会找到原因来误解你。你需要做的就是，如果自己真的很看好，必须能够同时忽略这两种批评者，必须做好长时间被误解的准备。因为，创新很多时候就是不被理解的。"

没错，创新可以创造奇迹，但是在成功前很容易被人质疑、不理解。所以想要成功，一个人不仅要有创新思维，更要有坚持的毅力。贝索斯是这样说的，也是这样做的。

1995年7月，贝索斯创立亚马逊时，号称要使亚马逊成为涵盖百万册图书的网上书店。这个书店里没有书架，没有库存，也没有让顾客实际光临的店面。当时，很多人在刚接触图书在线销售时都认为网络不过是一种虚拟的事物，看不见摸不着，是相信不得的。

有人质疑，所谓的百万册图书只不过是宣传幌子罢了。更有人认定，亚马逊存在的时间不会太长。对此，贝索斯没有消沉失望，更没有止步，他磨破自己的嘴皮子一家家地去游说出版商，不停地改进、升级、提高网络技术。时间和事实证明，亚马逊仅仅用了三周的时间就将日营业额提高到了一万美元，此后营业额更是以几何倍数增长，让那些曾经不看好亚马逊的人瞠目结舌，最终心服口服。

　　所以，贝索斯曾经说："我相信，如果你要创新，你必须愿意长时间被误解。""你必须采取一个非共识但正确的观点，我相信，如果没有这样的企业文化，你就不能进行大幅度的创新。你可以做渐进式创新，这对任何公司都极为重要的，但它也是非常困难的——你越是不愿意被人误解，人们就越是会误解你。"

　　做任何事情，不怕别人的质疑和不理解，最怕你自己的放弃和逃避。创新更是如此。任何一种新事物，一开始都不是被认可的，会遭到人们的质疑和反对。真正的创新，要被人理解需要一个循序渐进的过程。当你受到他人的质疑时，我们首先要自我反省：他们的质疑是否正确。如果正确，我们就要调整。如果不正确，或者说坚信他们说得不对，那么我们就要坚持做下去，用无可辩驳的事实去证明。

　　明白了这些，我们就该相信，不被理解是一种常态，重要的是要坚持我们的思维，等我们成功的时候，就是那个引领者。打个比方，这就像你在山脚下找到了一条小路，慢慢爬到山顶的过程中，别人会质疑这条路是否可行，但当你到了山顶，别人会发现这条路可行，然后也会想循着爬一爬。

　　所以，不要害怕别人不理解我们的创新思维，更不要因为别人的意见和反对而放弃自己的想法，勇敢地坚持自己和证明自己才是最好的选择。

　　18世纪以前，人们普遍相信雷电是上帝发怒的说法。但富兰克林却经过反复的思考和实验，断定雷电是一种放电现象，和在实验室产生的电是同一种东西。富兰克林的这一新

奇想法遭到了许多人的嘲笑，有人甚至嗤笑他是"想把上帝和雷电分家的狂人"。1752年7月的一个雷雨天，富兰克林冒着被雷击的危险，成功地进行了捕捉雷电的风筝实验，用事实证明了一切。

之后，富兰克林作出这样的推测：既然人工产生的电能被尖端吸收，那么闪电也能被尖端吸收。他由此设想，若能在高物上安置一种尖端装置，就有可能把雷电引入地下。他把几米长的铁杆，用绝缘材料固定在屋顶，杆上紧拴着一根粗导线，一直通到地里。经过试用，当雷电袭击房子的时候，它就沿着铁杆通过导线直达大地，房屋建筑完好无损，富兰克林把这种装置称为避雷针。

在避雷针最初发明与推广应用时，教会报之以轻蔑和嘲讽，他们认为这种东西是不祥之物，违反了天意，不但不能避雷，反而会引起上帝的震怒而遭到雷击。然而，一场挟有雷电的狂风过后，拒绝安置避雷针的一些高大教堂相继遭受雷击。而比教堂更高的建筑物由于已装上避雷针，在大雷雨中却安然无恙。这些事实教育了人们，使人们相信了科学，战胜了愚昧和无知。

创新需要眼光和经济头脑，但是创新更需要坚持。如果我们一开始热情饱满地追求创新，可一旦遭到质疑就退缩，或是一遇到挫折就放弃，那么永远也别想成功。试想一下，若是先辈科学家们在遇到质疑时轻易地放弃，我们社会和科技能够发展到今天这般地步吗？若是所有商人都守着旧的东西，害怕别人的不理解，那么我们今天能拥有如此琳琅满目的商品吗？社会经济又能如此发达吗？

创新还是妥协？这是一个关键问题。它不仅关系到一个人和企业的成功与发展，更关系到一个社会和科技的发展。所以，我们需要有创新思维，更需要有坚持的毅力，即便所有人都不理解，也要坚持。

如果你不颠覆自己，就等着被人颠覆

英国小说家约翰·高尔斯华绥有一篇著名的小说《品质》，主人公是一名出色的老鞋匠格斯拉，他是全城最好的制鞋师父，拥有无人能比的手艺。但是，随着工业革命的爆发，手工业逐渐衰落，工业化生产已经形成一种趋势。在这种情况下，绝大部分手工业者开始改变自己，引进新的技术，除了格斯拉。

他不愿尝试新的技术，坚持手工制鞋。但手工工艺生产效率低，产量低，价格贵，所以他的生意越来越惨淡，最终饿死在自己的鞋铺中。

人们常言："江山易改，本性难移。"想要一个人改变自我、颠覆自我是非常艰难和痛苦的，就像是蚕蛹想要蜕变成为蝴蝶就必须经历脱胎换骨般的痛苦一般。老鞋匠的手工手艺磨炼了几十年，这种传统已经根植于他的思维、深入他的骨髓，想要他做出改变，谈何容易？

可是我们也看到了，在环境发生变化的情况下，若是不改变、不颠覆自我，那么就只能被人淘汰和颠覆，甚至走上绝路。

我们生活在一个不断变化发展的社会，变化，已经是这个时代最重要的特征。只有敢于改变和颠覆自我，才能不断超越自我，从而成就美好的梦想。纵观那些成就事业的聪明人，他们付出的努力和代价比常人更多，他们的思维比常人更活跃，更重要的是他们比常人拥有颠覆自我的勇气和魄力。

张霞原本是一个生性羞涩、以夫为贵、只想过安稳日子的小女人，也很少出入各种商界聚会。然而生活是现实的，丈夫的工作并不顺利，这个家庭很快就陷入捉襟见肘、寅吃卯粮的赤贫状态，这让张霞决定改变自己的人生！

所谓"知识改变命运"，三十岁的张霞重新返回校园，先后拿到政治、历史学士学位，她掌握的知识不断地增长，内在的修养气度也得到极大提升，说话干脆，做事利索。然后一次偶然的机会，张霞进入所在地市的电视台，担任初级广告销售代表。

这份工作与张霞的专业并不吻合，但她知道在竞争如此惨烈的情况下，自己要想生存下去必须做出改变。在以后的日子里，张霞努力用营销理论来武装自己，并且硬着头皮每天去拜访不同的客户，她改变自己的内向性格，热情洋溢、积极主动地面对顾客。渐渐地，张霞成了众人眼中能说会道、舌灿莲花的人，她甚至曾因被一名客户经理称为"疯女人"。当然，她的改变收获颇丰，业绩蒸蒸日上。

对于性格温婉、内向的张霞来说，每天出入各种场合、与客户周旋应酬，是一个很大的改变。可是面对生活的困苦，她大胆地颠覆自己，克服自己的弱点，提升自己的能力，最终实现了自我超越。在这个过程中，若是她有一丝的退缩和犹豫，都不可能改变自己的命运。

　　这也告诉我们，想要彻底改变命运，要么自我颠覆，要么被人颠覆，没有第三条道路。自我颠覆是痛苦的、艰难的，因为不管是个性和思维方式都是多年形成的。想要改变它，需要一个人脱胎换骨，甚至是放弃之前的所有一切。如果失败了，那么就会变得一无所有。

　　所以，很多人认为颠覆者是一个疯子，他们可以放弃一切，可以打破一切常规。可是为什么还有那么多人前赴后继，乐此不疲呢？道理很简单，守着过去，守着旧有的东西，就会被它们束缚住手脚，无法进行创新和创造；守着过去的自己，守着自己的缺陷和不足，就会无法进步和超越，就会被彻底淘汰。

　　世界是残酷的，竞争是激烈的，谁能够颠覆自己，谁就是聪明的人，谁就能成为最后的赢家。这一点，苹果创始人史蒂夫·乔布斯深有体会，所以他始终都是一个真正的颠覆者，也成为了一个时代潮流的引领者。

　　在乔布斯看来，赢得未来的唯一方式，就是自己创造一个未来。所以他从来不甘心做跟随者，更不屑于做跟随者。2001年，乔布斯推出了音乐软件iTunes，它的主要功能是"扒歌、混制、烧盘"，虽然这一举动助燃了盗版风潮，但是却实现了无数年轻人免费音乐共享的梦想。果不其然，iTunes一经推出之后，就获得了巨大的成功。

　　可是，这时乔布斯并没有停止前进的步伐，他开始了新的探索，企图颠覆自己的产品。他认为，在电脑上播放音乐

虽然很不错，但是却有很多的局限性。如果有一个类似随身听的便携式存储器播，随时随地播放音乐，岂不是更好？之后，乔布斯开始带领苹果的工程师们对iTunes进行改造，不断地更新、改造。于是，第一代iPod面世了，这个小小的便携式随身听成了世界各地年轻人追捧的对象。仅仅一年的时间，销售就达到了160万台。2003年，世界上所有的电脑厂商都在笔记本电脑上追求创新，但是只有乔布斯彻底地废弃了键盘，打造出了一个让世界尖叫的ipad。

乔布斯不断颠覆自我，不断向陈旧的东西提出挑战，在三星、诺基亚、索尼等手机制造者还在沿着老路前行的时候，他率先打破常规，开发了智能手机。2007年，第一台iphone的横空出世，让所有人见到了智能手机的神奇，也使得手机进入一个崭新的时代。凭借着iphone的优势，乔布斯把诺基亚这个手机领域的世界霸主，彻底地踢下了神坛。

乔布斯不断在颠覆自己，他创新的目的并不是为了延续某一代产品的生命，而是研究这样淘汰这一代产品。他颠覆了苹果自己已有的产品，颠覆了市场上的产品，最终也颠覆了整个时代。而就是因为不断地颠覆和创新，乔布斯才成为了这一时代的领军人物，苹果才成就了如今的辉煌。

技术需要革命，思维同样需要革命；技术需要颠覆，自我更需要颠覆。不管是谁，如果想要获得不凡的成就，就必须有改变自己、颠覆自己、超越自己的意识和魄力。

当然，颠覆自己不是对自我否定和放弃，而是对旧有东西的创新，对自我的突破和成就。

第八章
与危机精准对话，
找出真正的风口在哪

通往成功的道路，就像是波涛汹涌的大海，处处布满了危机。但是这危机之下，也隐藏着巨大的良机，我们想要真正成功就应该敢于与危机对话，如此一来才能跨越"雷区"，乘风破浪。

哪里有风险，哪里就有机遇

马云曾经这样说过："所有的人都说危机，但是我觉得是机会，危机危机是危险中的机会……假如你认为这是一个灾难，灾难已经来临，假如你认为是一个机遇，那么机遇即将成型。"

没错，在这个世界上，每一个成功和财富都存在着风险，可是危机还是机遇，不在于事物本身，而在于你看待问题的方式。不敢冒险的人，看到的是机遇中的危险，生怕自己遭遇灾难和失败，所以连尝试的勇气都没有；而敢于冒险的人，看到的是风险中的机遇，而且认为风险越大往往收获越大，所以时常大胆地行动。

结果可想而知，冒险并不代表着成功，但是那些不敢冒险的人则只能原地踏步，甚至越来越窘迫；而敢于冒险的人确实赢得了不少大好机会。

美国金融巨头摩根是一位敢于冒险的犹太商人，他认为哪里有风险，哪里就有机遇。所以，当看到一个机遇时，明知道那里充满了风险，他却仍毫不犹豫地走上去。正因为如此，他做出了很多惊人的投资策略，创造了不凡的财富。

19世纪末，铁路运输是美国主要的运输方式，但是由于当时铁路线路分散，没有构成系统的运输网络，所以铁路运

输也没有那么方便。如果想要将美国铁路线路构成一个完整的运输网络，这就需要投入巨额的资金，而银行投资就成了铁路建设的重要资金来源。

之后，随着生产力的发展，企业社会化程度越来越高，企业的拆散、合并也越加频繁，资金的借贷也越来越大。在这关键时刻，投资银行不仅需要雄厚的实力作为后盾，更需要很高的信誉，这样才能在激烈的竞争中生存发展。而此时美国爆发了经济危机，众多企业公司面临破产的危机，他们将唯一的希望寄托在摩根身上，希望他可以收购自己的公司，成为企业的救世主。

在这个时候，无论投资哪一个行业都会面临巨大的危险，可是摩根却做出一个令人震惊的决策。他将自己的投资眼光放在了美国铁路上，采用了"高价买下"战略。因为当时美国铁路建设需要巨额资金，况且有些西部铁路早已经不符合当今发展要求，需要从头到脚的整顿。可是，摩根却统统将它们买下，大量的投资，希望可以迅速整顿整个美国的铁路业。

很多人认为，摩根这次投资策略太过冒险，甚至有人认为这是一次投资策略的失误，一旦失败，他和他的金融王国就会不复存在。可是，摩根成功了，他不仅创造了投资奇迹，更影响了美国传统的经营战略和思想，给美国经济发展带来了巨大影响。摩根不仅促使华尔街成为美国经济的中心，更成了世界金融界的翘楚。

摩根是一个有胆量和眼光的人，别人看到了巨大的危险，而他却看到了巨大的机遇。所以，他没有因为危险而停住脚步，大胆地在风险中拼搏，所以他获得了巨大的商机，也获得了巨大成功。

哪里有风险，哪里就有机遇。这绝对是商界的一句至理名言。所以我们应该敢于冒险，只有如此，才能抓住成功的机会，才能更进一步地接近成功。只有如此，才能体会到追逐梦想的快乐，体会到别人无法想象的感觉。

可是现实生活中，很多人不愿意冒险，做什么事情都小心翼翼。即便看到那里有大好机遇，他们也会犹豫不决，反复思考着：这会不会是陷阱？这会不会有风险？我还是稳妥些吧！就是因为他们不敢冒险，所以一生注定与财富和成功无缘。

不仅如此，他们还时常嘲笑那些敢于冒险的人，觉得那些人都是傻子、疯子。可事实上，犯傻的只有他们自己。要知道，任何地方都有危险，做任何事情都有风险，冒险是我们人生的必经之路，也是我们挑战成功的第一步。那些甘于平淡的生活，按部就班的人生的确相对来说比较安全，但并不保证就会一帆风顺，而且还会像一潭死水一样，激不起任何波澜，更不会出现太多奇迹。

说到这里，想起一个流传很久的故事：

很久之前，美国中部有一名少年，名叫鲁克。生活在内陆的他从来没有见过大海，他最大的愿望就是可以在大海中畅游。

终有一天，他来到了东海岸，见到了梦寐以求的大海，可是他却发现海面上笼罩着浓浓雾气，丝毫没有想象中那样

波澜壮阔的美景。迎着潮湿又寒冷的海风，鲁克蜷缩着身子，漫不经心地在海边散步。这时，他遇到了一位刚刚上岸的水手，便说道："我喜欢波澜壮阔的大海，喜欢海洋蔚蓝的颜色，可是今天却只看到了冷雾。幸亏我不是水手，否则真的无法适应这样的生活。"

水手微笑着说："大部分人都有你这样的想法，有时就连我的同事都不愿意再当水手了。"

鲁克立即好奇地问道："他们为什么不愿意再当水手？是因为这是一份危险的工作吗？你也有这样的想法吗？"

水手说道："这确实是一份非常危险的工作，但是我十分热爱自己的工作，所以根本不惧危险。事实上，我的家人都十分热爱大海，从我的祖父开始，我的家人就从事这份工作了，我的祖父、父亲、兄长都是出色的水手。但不幸的是，他们都遇到了海难，葬身于大海之中。"

鲁克大吃一惊，立即惊讶地问道："那你为什么还要做这么危险的工作？如果我是你，永远都不会愿意和大海打交道。"

水手看着鲁克的眼睛，严肃地说："那么，请你告诉我，你的祖父和父亲都死在什么地方？"

鲁克沉痛地说："我的祖父死在床上，我的父亲也是如此。他们都是在床上病死的。"

水手笑着说："那么在你看来，床是不是也是一个十分危险的地方？你是不是再也不敢到床上去了？"

就像水手说的，哪里都有危险，那么我们就什么都不做了吗？当然不是！

危险和机会是成功的两个方面，我们不能因为害怕危险而忽视了其背后的机会，做事情畏畏缩缩。我们需要辩证地看待问题，把那些危险看成是成功道路上的考验，不惜为了实现自己的梦想和做自己热爱的事情，鼓起勇气去挑战。

同时，记住马云的话"危机危机是危险中的机会"，越大的风险就蕴含着越大的机遇，我们只有勇敢地尝试和挑战，不让危险阻挡前进的步伐，才能找到危险背后蕴藏着巨大的机会，从而找到更大成功和财富。

是福是祸，试过了再说

美国康奈尔大学的威克教授做过一个有趣的实验，他把一只瓶子平放在桌上，瓶的底部向着有光亮的一方，瓶口敞开，然后放进几只苍蝇。瓶底光线最明亮，但根本没有出口，苍蝇如何实现自救？出人意料的是，不到几分钟，所有的苍蝇都飞出去了。原因何在？原来苍蝇经过了多方尝试——向上、向下、向光、背光，一方不通立即改变方向，虽然免不了多次碰壁，但最终总会飞向瓶口，得以逃生。

这个实验给我们一个启示：成功没有秘诀，只有不断地尝试、改变、再尝试、再改变……

可生活中很多人不懂得这个道理，他们或是因为害怕失败而拒绝尝试，或是因为安于现状而不想尝试，甚至仅凭以往经验就不愿尝试……因为害怕自己在公共场合出丑，而不敢当众发言；因为害怕会被水呛到，不敢潜入水中学着游泳；因为别人失败了，便认为自己不可能成功；因为之前没有成功，便认为自己永远做不到……

可他们没有想过一个问题，不真的尝试一下，怎么知道自己就不能成功呢？没有任何一种逃避能得到奖赏，没有任何一次放弃能获得成功。一个人如果不愿意尝试，就只能失败，更重要的是，他会被这种思维牢牢困住，习惯了逃避，习惯了放弃，习惯了否定自己。

很多时候，我们和某些看似不可能的事情之间，差的只是试一试的勇气。说到底，对那些看似不可能的事情，与其花费大把的时间和精力，望而却步，想东想西，不如先抬起脚去试一试。对于那些看似不可能的事情，不去试一试的话，怎能知道到底有没有成功可能？

不妨看看林肯的故事：

林肯小时候，他的父亲在西雅图以低价购买了一处农场。之所以价格较低，是因为地上有很多石头。母亲建议把石头搬走，但父亲却认为，这些石头是一座座小山头，和大山连着，是根本搬不动的，"如果这些石头可以搬走的话，那原来的农场主就不会搬走了，也就不会把地卖给我们。"

有一天父亲进城买马，母亲决定带着孩子们试着搬一搬石头，结果没用多长时间，他们就把石头搬光了。原来，这些石头并不像父亲想象的那样，是一座座小山头，而是一块块孤零零的石块，只要往下挖30厘米，就可以把它们晃动。

看到了，只有尝试之后，你才能发现自己是否做到；只有尝试之后，才能知道是福是祸。所以遇到问题时，不要主观臆断，不要选择逃避，大胆地尝试一下才是最好的选择。我们最大的敌人就是自己，一切难题的产生都来自你的内心。我们只有战胜了自己，大胆地尝试，才能战胜所有的对手。

或许有人说，尝试，说起来容易，可是失败了怎么办？生活中有很多人不是不想获得财富，也不是没有遇到机遇，而是到最后却总是缺少大胆尝试一下的勇气。看看我们身边有多少人因为不敢尝试而只能原地踏步，又有多少企业因为缺少大胆尝试的勇气，而失去做大做强的良机。

是的，由于种种原因，你的尝试可能会失败。可如果你不尝试，那么就永远没有成功的可能。凡是聪明的人都敢于大胆尝试，因为他们知道，即使不成熟的尝试，也好过因为逃避而痛失良机。

科莱特是英国的一个男孩，他以优异的成绩考入了美国哈佛大学，常和他坐在一起听课的是一个18岁的美国小伙子。大学二年级时，这位小伙子和科莱特商议，希望能一起退学，去开发一种叫32BIT的财务软件，因为新编教科书中已解决了进位制路径转换问题。

当时，科莱特感到非常惊诧，因为哈佛是多少人挤破脑袋都想考入的，他好不容易才考进来，他来这儿是求学的，

不是来闹着玩的。再说对BIT系统，老师才教了点皮毛而已，要开发BIT财务软件，凭借他们的能力是不可能的，于是他委婉地拒绝了那位小伙子的邀请。

就这样美国小伙子退学了，科莱特则继续攻读大学，之后又成为哈佛大学计算机系BIT方面的博士研究生。顺利拿到博士后学位之后，科莱特认为自己已具备了足够的学识可以研究和开发BIT系统软件了，这时他才得知，这几年随着电脑科技的发展，BIT系统已经落后了，而那位美国小伙子退学后一直在研究软件开发，他已经绕过BIT系统，开发出EIP财务软件，这种软件比BIT快1500倍，并且在两周内占领了全球市场。而那个美国小伙子就是比尔·盖茨，之后他的名字传遍全球的每一个角落。

为什么科莱特和比尔·盖茨的境遇完全不同？很简单，科莱特考虑得太多了，不敢大胆地尝试，而比尔·盖茨则拥有大胆尝试的勇气，抓住了大好机会，从而取得了非凡的成就。

尝试是需要勇气的，一个没有勇气去尝试的人，何谈成功？对待任何事情都不要轻易说"不可能"，拿出勇气去尝试，或许就可以得到不一样的结果。

当然，大胆尝试不代表着蛮干、盲目冒险。若是明知道前面是陷阱，明知道某件事情绝不可能成功，仍任性地去做，那这个人便不是勇敢者，而是愚蠢者。

有时断绝后路，才会柳暗花明

在前进的过程中，许多人习惯三思而后行，给自己留一条后路。他们觉得这是未雨绸缪，万一事情失败了，自己不至于输得太惨、太难看，不至于连重新再来的机会都没有。这看似是一种十分明智的选择，也是很多人的普遍思维。

可是，给自己留一条后路，以备不时之需，真的有利于我们成功吗？

人都是有一定依赖性和惰性的，一旦给自己留了后路，给自己另一个选择的余地，那么在做事的时候就不会拼尽全力，在遇到困难的时候就会想着选择一条比较轻松的路。因为有后路，所以少了义无反顾、拼尽全力；因为有了后路，所以无须把自己逼的太紧；因为有了后路，所以在本应坚持的时候放弃了坚持……就是因为有了后路，所以人们容易在困难和挑战面前倦怠、退却、妥协，而这后路也成了人们前进道路上的阻碍和成功道路上的"绊脚石"。

"破釜沉舟"的故事就是一个将"不留后路"思维运用于军事战争的成功案例。

公元前208年，秦二世胡亥派大将章邯率领20万大军北渡黄河攻打赵国。赵国哪是秦国的对手，交战几次后就被秦军围困在巨鹿，处境十分危险，只好求救楚国。于是，楚怀

王封宋义为上将军，项羽为副将率军带领两万人马救援赵国。可是宋义担心与强秦决战会损伤楚军实力，行至安阳后便令兵马安营下寨，一连46天按兵不动。项羽心急如焚，多次劝宋义无效。

眼看军中粮草缺乏、士卒困顿，赵国又一再派人前来请求支援，而宋义仍旧按兵不动，项羽忍无可忍，进营帐杀了宋义，夺取兵权，带兵渡过漳河。渡过河后，项羽见秦军人马众多、士气正盛，要打败他们，就必定要想出一个好的战法才行。于是，他命令士兵们把渡船统统凿穿，沉下水底；烧掉自己的营房，又把行军煮饭的锅也都打得粉碎，每人带着三天的干粮。将士们看到锅砸了，船沉了，如果不拼死一战，就要给活捉了！因此，人人都抱着进则生、退则死的决心，拼命向前。以一当十，喊声震天，锐不可当，最终大破20万秦军，一举救下赵国。

两军相遇勇者胜，项羽用破釜沉舟的办法断了将士们的后路，虽然这样的做法有些冒险，却使楚军抱着必死决心义无反顾、一往无前，最终取胜。大胆假设一下，如果项羽当初没有"破釜沉舟"，给自己留有退路，那么楚军面对强秦时很有可能会为了求生选择逃跑，那历史恐怕还得重新书写。

所以，我们需要有自断后路的勇气，有"破釜沉舟"的决心。没有退路，自然就有了出路；身处绝境，自然就无法再后退和妥协，更没有放弃的理由。只有鼓起奋力一搏，才能激起无限的斗志，从而创造奇迹。

没有退路，才有出路。断绝后路，才能柳暗花明。人这一辈子，至少应该有一次放手一搏、破釜沉舟。否则的话，很难有更大的成就。事实上，很多成功者都有这样的勇气，他们看到大好机会，就会马上行动，甚至不惜做出了孤注一掷的选择。

　　企业家李长春就是如此，他说："如果我手中只有100块钱去买东西，有电视机也有羊肉串机，我肯定选择羊肉串机。电视虽然可以让人享受，但羊肉串机才可以帮我们赚到更多的电视机。"

　　在公司资金极度短缺的情况下，李长春毅然拍板买回各种型号的塔吊29台，这种大气魄的投入，全国同行业中也是少有，而结果也正如他所预料的，29台塔吊全部运转，给公司带来了巨大的经济效益，年产值突破了1亿元，利润达到近3000万，让人惊叹不已。

　　"双手出击，当然是比一只手出击更有力，如果能打出一组漂亮的组合拳，那威力必将更大。"由于市场的不断变化，李长春并没有死守阵营，在成功的盘活了一建公司后，又打出了有效的一拳，并且打出了漂亮的组合拳，一口气组建了石膏板线厂、大理石制品厂等八家边缘实体公司，更是以质优价廉抢占市场，一举成为当地规模最大、品种最全的企业。

　　就是因为他敢放手一搏，所以创造了一个又一个大赢的奇迹。回过头想想，若是李长春总想着给自己留后路，凡事都想着周全，那么还有后面的成就吗？

想要取得梦寐以求的成就，我们就应该有放手一搏的勇气，有破釜沉舟的气魄。具有切断后路的勇气和气魄，自然就切断了我们的惰性，促使我们坚定不移地朝着自己目标前进，即使遇到再大的困难和挫折，也会迎头抵抗，绝不放弃！

那个舒适区，就是人生最大的危机

英国有一句俗语："Push yourself out of your comfort zone."翻译成我们中国话就是："生于忧患，死于安乐。"

这句话我们每天都在说，道理谁都懂得。不管什么时候，我们都应该有忧患意识，越是在舒适区就越不能贪图安逸，否则就会让自己陷入危机之中。然而，人们就是容易走进心理的舒适区，成功了便不再想着努力，生活好了就不再想着拼搏。

当别人劝他们继续前进的时候，他们总是说"我好不容易才成功，为什么还要冒险？""我现在已经小有成就了，也该心满意足了？"他们已经走进了心理舒适区，一心享受所谓的成功和幸福，一心贪图眼前的舒服和安逸。

这样的人，不正像被温水煮的青蛙？他们因为舒适不思改变，日复一日，舒适消磨了他们的欲望、斗志，更让他们失去了警惕心和危机感。他们因为舒适安于现状，不愿做具有挑战的事情，以及尝试新东西。一旦生活出现变故，这个舒适区被打破，他们就会变得不堪一击、彻底堕落，等待他们的就只有灭亡。

我们应该知道，安逸，不过是短暂的假象，所谓的舒适区，才是人生最大的危机。除非你甘愿一生平庸和无所作为，否则就应该大胆地走出舒适区。不妨来看看关于鲨鱼的传说：

在古老的传说中，诸神创造了世间万物。为了让鱼类能在海洋中、河流中顺畅地游动，神赋予鱼以流线型的身体，还给了它们短而有力的鳍。但当神把鱼放进海里后，上帝突然想到一个问题，鱼的身体相对密度是大于水的，一旦停下来就会沉到海底，那么水压就会把它压死。为了解决这个问题，上帝又赋予鱼一个法宝，这就是鱼鳔。

鱼鳔可以说是一个随意控制的气囊，鱼儿们就可以调节气囊来掌控身体的沉浮。这样，鱼在海里就轻松多了，不但可以自掌沉浮，还可以在累的时候停在某处休息。

于是，所有的鱼都被装上了鱼鳔，可是却独独缺少了鲨鱼。是神忘记了，还是对它特殊对待呢？原来，鲨鱼天性顽劣，一入大海就消失得无影无踪，神呼唤了很长时间也没有找到它。没有办法，神只好先把这件事放一放，结果这事一放就是几亿年。

有一天，神终于想起了那个顽皮的孩子，想看看它是否还好好地生存着。可是转念一想，没有鱼鳔，怎么能在海底好好地生存呢？估计鲨鱼早就死去了吧。

很快，神将海里的鱼都招呼过来，经过几亿年的变化，所有的鱼都变了模样。看着各式各样的鱼，神感到疑惑，哪个才是鲨鱼呢？唉！或许那孩子真的早已经死去了吧。

神不甘心地问道："谁是鲨鱼？"

谁知一群威猛强壮、斗志昂扬地鱼冲上前来。

神感到很惊讶，就问："你们真的是鲨鱼？没有鱼鳔，你们是怎么生存下来的？"

鲨鱼解释道："因为没有鱼鳔，我们面临着巨大的压力，不像其他鱼类一样可以自由自在地游动。为了活命，我们不能有丝毫松懈，因为一旦停止游动，就有可能沉入海底。因此，亿万年来，我们从不曾停止游动，游动与抗争成了我们的生存方式。而这，练就了我们强壮的体魄，我们现在就是海中霸王。"

鲨鱼，不是海洋中体型最庞大的，却是海洋中最凶猛，是名副其实的霸主。而且，它也是世界上最古老的物种，在恐龙出现前的三亿年前就出现在地球上了。为什么鲨鱼能成为海洋中的霸主，并且存活这么长时间？

就是因为它们始终不停地游动，丝毫没有懈怠和懒惰。它们知道，若是自己贪图舒适的生活，选择停下来那么就会被海水吞噬，就会被淘汰。

人生也是同样的道理。这个世界上，谁不愿意过安逸的生活，谁不愿意享受舒适的环境？可是安逸就是一种致命毒药，谁想要躺在舒适区，谁就等于让自己提前步入了死亡，就无法在这个社会生存，更别提获取成功和财富。

当你在舒适区待的时间过长之后，你就会习惯安逸的生活，内心就会变得懒散，意志就会变得脆弱，逐渐失去了生活的激情和进取的勇气。最可怕的是，你看不到机遇，看不到风险，更看不到危机。即便机遇来到你面前，你仍不愿意努力去抓住；即便危机已经来到你面前，你依旧毫无察觉。

所以，不要让自己走入舒适区，更不要贪图舒适区的安逸。如果你发现自己已经进入，那么就赶紧进逃离吧！

危机，正好给了你重新洗牌的良机

19世纪著名的法国作家福楼拜所说："你一生中最光辉的日子，并非是成功的那一天，而是能从悲叹和绝望中涌出对人生挑战的心情和干劲的日子。"这句话是说，那些所谓不利的条件，对于一个人来说，往往是他成功的动力；那些所谓的危机，对于一个人来说，往往就是他逆风飞行的转机。

所谓危机，一面是危险，一面是机遇。遇到危机，只看到危险，却看不到机遇，消极应对，怨天尤人，那么我们永远也无法成功。遇到危机，能看到危险，也能看到机遇，沉着冷静，积极应对，我们不仅能化解危机，还能从另一方面找到更大的发展契机。可以说，危机与商机本来就存在于一念之间，正如道家始祖老子所说："祸兮福之所倚，福兮祸之所伏"。

不要不相信。任何事情都有好与坏两个方面，事情这一方面的危机，也许就是另一方面的契机；或这件事情上的危机，很可能正是另一件事情上的契机。关键在于我们如何看待问题，如何看待危机。

南宋绍兴十年七月的一天，杭州城最繁华的街市失火，火势迅猛蔓延，数以万计的房屋商铺置于汪洋火海之中，顷

刻之间化为废墟。有一位裴姓富商，苦心经营了大半生的几间当铺和珠宝店，也恰在那条闹市中。火势越来越猛，他大半辈子的心血眼看将毁于一旦，但是他并没有让伙计和奴仆冲进火海，舍命抢救珠宝财物，而是不慌不忙地指挥他们迅速撤离，一副听天由命的神态，令众人大惑不解。

然后他不动声色地派人从长江沿岸平价购回大量木材、毛竹、砖瓦、石灰等建筑用材。当这些材料像小山一样堆起来的时候，他又归于沉寂，整天品茶饮酒，逍遥自在，好像失火压根儿与他毫无关系。

大火烧了数十日之后被扑灭了，但是曾经车水马龙的杭州，大半个城已是墙倒房塌一片狼藉。不几日朝廷颁旨：重建杭州城，凡经营销售建筑用材者一律免税。于是杭州城内一时大兴土木，建筑用材供不应求，价格陡涨。裴姓商人趁机抛售建材，获利巨大，其数额远远大于被火灾焚毁的财产。

这是一个久远的特例，然而蕴含其中的经营智慧却亘古不变。它告诉我们，面对危机的时候，不要自我放弃，更不要抱怨连连，而是应该学会乐观地看待问题。只要能够沉着冷静地想对策，说不定，能够巧妙地化解危机，迎来事情的转机，甚至寻找到重新洗牌的良机。

所以，钢铁大王卡内基曾说："任何人都不是与成功无缘，只是大部分人都无法自己去创造机会而已。"我们不仅要善于应对危机，化险为夷，还应该懂得如何与危机对话，如此才能在危机中寻求商机，趁"危"夺"机"。

事实上，古今中外把危机变成商机的聪明人不在少数。当然，把危机转化为商机，并不是单纯地靠运气、靠被动等待坏事变好，而是需要我们能够从危机中发现问题，调动自身的敏锐思维。当你跳出原有思维的限制，从另一个角度思考问题，那么就可以让危机成为大好良机。

一家饭馆如果遭到顾客的恶评，那无疑将面临倒闭的危机。可是一个年轻人竟然能够化解危机，同时从中发现良机，这不得不让人佩服。

这个年轻人开了一家名叫"好美味"小吃店，不过，因为名气不够响亮，竞争又很激烈，所以经营很惨淡。有一次，一位顾客刚刚吃了一口菜，就开口大骂道："这算什么好美味呢，纯粹是'怪难吃'。"

顾客的恶评，让年轻人一愣，原来，那天他因为买卖不好，情绪不高，不小心放错了调料，使这道香脆鸡柳的味道有些怪异。见状，他急忙向顾客赔不是，但客人却咄咄相逼："好美味是假，怪难吃才是真！你的鸡柳做得这么难吃，还好意思开饭店？"

年轻人好说歹说，并且免了单，这桌顾客才不甘心地离开。令人没想到的是，更令人难堪的是，第二天，那人竟用毛笔在他的店门旁写下了"怪难吃"三个大字。本来生意就不好，这么一闹这饭店还怎么开？年轻人气得一句话也说不出来，眼泪险些落下。

可过了一会儿，年轻人灵机一动，心想："莫不如我干脆就将店名改成'怪难吃'算了，说不定还能起到意想不

到的效果呢！反正现在小吃店的生意也不好，早晚要关门大吉，就当是赌一次吧！"

令人意外的是，自从饭店改名"怪难吃"之后，生意竟然慢慢地红火起来。很多顾客真的是冲着这个奇怪的店名来的，他们都想知道这饭店的菜到底有多难吃，为什么要叫这个名字。吃过之后，顾客们对饭菜的口味很满意，于是一传十，十传百，这饭店竟然出了名。而这个年轻人也赚得盆满钵满。

所以，危机并不可怕，可怕的是人们对待它的态度。既然危机已经到来，我们不管是痛心、抱怨、绝望都无济于事，既然这样为什么不振作精神、认真思考，从危机中寻找转机呢？

谁也无法保证自己的人生只有好事和良机，只有懂得如何将坏事变成好事，懂得如何在危机中寻找良机，才是他是否获得成功和财富的关键。

乘风破浪，稳住方向，必能远航

这个世界上，没有任何事没有一点风险。你想要获得更大的收益，就需要有敢于冒险的精神。就好像只有勇于登上险峰的人，才能看到无限美丽的风光一样。

在追求财富道路上，风险永远存在，风浪迟早会到来，可是机遇却是稍纵即逝。在这个过程中，只要你有一丝胆怯和犹豫，那么机会就会从你的指尖悄悄溜走了。如果你不能克服对风浪的恐惧，那么永远也抓不到机会，只能在别人成功时捶胸顿足。

事实上，生活中这样的人并不少，他们不敢冒险，害怕风浪，错过了一次又一次大好机遇。当看到别人成功时，他们不无感慨地说："那个机会是我先看到的，可是我没敢抓住！"当他们贫困潦倒地度过一生时，只能后悔地说："我本来可以成为亿万富翁的，可总是在关键时刻少了那一份勇气！"……

我们在新闻报纸上看到的那些亿万富翁，年轻时也经历过贫苦，做过帮工、捡过破烂、洗过盘子。他们之所以能站在财富最顶端，就是因为有别人没有的眼光、胆量和魄力。在创业和投资的过程中，他们敢想敢做敢闯，敢于在风浪中承担风险。只要值得，他们就会敢于冒险，在风险中乘风破浪。年轻时期的摩根就是如此。

当年，摩根从德国哥廷根大学毕业后，来到邓肯商行任职。摩根特有的素质与生活的磨炼，使他在邓肯商行干得相当出色。但他过人的胆识与冒险精神，却经常害得总裁邓肯心惊肉跳。

有一次，在摩根从巴黎到纽约的商业旅行途中，一个陌生人敲开了他的舱门："听说，您是专搞商品批发的，是吗？"

"是啊，有什么事情？"摩根感觉到对方焦急的心情。

"啊！先生，我有件事有求于您，有一船咖啡需要立刻处理掉。这些咖啡本来是一个咖啡商的，现在他破产了，无法偿付欠我的钱，便把这船咖啡作抵押，可我不懂这方面的

业务，您是否可以买下这船咖啡，很便宜，只是别人价格的一半。"

"你是很着急吗？"摩根盯住来人。

"是很急，否则这样的咖啡怎么这么便宜。"说着，拿出咖啡的样品。

"我买下了。"摩根瞥了一眼样品答道。

"摩根先生，您太年轻了，谁能保证这一船咖啡的质量都是与样品一样呢？"他的同伴见摩根轻率地买下这船还没亲眼见到质量的咖啡，在一旁提醒道。

"我知道了，但这次是不会上当的，我们应该践约，以免这批咖啡落入他人之手。"摩根对自己的眼力非常自信。

当邓肯得知这个消息，不禁吓出一身冷汗。

"这个混蛋，这不是拿邓肯公司开玩笑吗？去，去，把交易给我退掉，损失你自己赔偿！"邓肯严厉无情地冲着摩根吼道。

面对粗暴不听解释的邓肯，摩根决心赌一赌。他写信给父亲，请求父亲助他一臂之力。在父亲的资助下，摩根还了邓肯公司的咖啡款，并在那个请求摩根买下咖啡的人的介绍下，摩根又买下了许多船咖啡。最终，摩根胜利了。在摩根买下这批咖啡不久，巴西咖啡遭到霜灾，大幅度减产，咖啡价格上涨了两三倍，摩根赚取了一大笔财富。

与邓肯公司分道扬镳后，在父亲的资助下，摩根在华尔街独创了一家商行。而在之后的投资中，摩根始终秉持着敢于冒险的精神，只要看到商机便勇往直前。恰是如此，在摩根的带领下，摩根成为华尔街乃至全世界最出色的金融家，成就了不凡的事业。

摩根的这个故事告诉我们：在财富这条路上，风险和机遇是并存的。别人不敢，你敢，那么你就能走对路，获取财富。所以，我们不需要惧怕风险，只要觉得自己是对的，觉得商机是对的，就应该勇敢前行，乘风破浪。

当然，我们还需要明白一点，冒险并不是蛮干、傻干，鲁莽行事，而是在看准目标、稳住方向前提下的大胆尝试。如果你的冒险只是头脑发热、好大喜功，那么就会败得很惨；如果你一味求快、求高，没有稳住方向，那么只能无功而返。

有了勇气，再加上理智、眼光、行动，我们才能真正赢得成功和财富！

第九章
领悟前车之鉴，
别让灾难重现

聪明人不是不会失败，而是能够正确对待失败。仔细观察那些成功者，没有谁没有经历过失败，甚至比普通人失败的次数更多、败得更惨。可是他们敢于正视失败，敢于挑战失败，所以从失败中学到了如何去赢，并且比任何人都赢得漂亮！

只有知道如何去输，才能学会如何去赢

美国人曾做过一个有趣调查，发现那些成功企业家平均有三次破产记录。就算是世界一流人才，失败的次数也并不比成功的次数少。比如，著名全垒大王贝比鲁斯，同时也是被三振最多的纪录保持人。

失败，是我们所需要的，它对我们来说与成功一样有价值。在失败面前，我们应该做到绝不是气馁、放弃，而是吸取教训，从头再来。只有做到输得起，我们才能赢得起，只有学会如何去输，之后才知道如何去赢。

事实上，成功是没有秘诀可言的，它只是聪明者在总结失败经验和吸取教训之后，自然而然结出的果实。而人们对待输赢的态度，也决定了他人生最后的结果。谁不怕输，谁能有一颗平常心，谁就可以赢得最终的胜利。在战场上，能够屡败屡战，能够吸取教训，不言放弃，才能赢得最后的胜利。在商场上，把每一次失败都当作新的起点，才能赢得更多的财富。

有着"美国百货大王"之称的梅西，虽然现在披着荣耀的光环，但曾经的他却是个历经无数次失败和磨难的人。

年轻时的梅西一贫如洗，他不得不以出海捕鱼为生。通过卖鱼攒了点小钱之后他便开了一间杂货铺。没想到，由于

经营不善，最后竟赔了个精光。梅西并没有死心，他又通过打鱼赚了点钱，于第二年又开了家同样的杂货铺，可结果依然不妙，和第一次一样赔了个精光。

之后，美国掀起了一股淘金热，梅西用东挪西借来的钱，一举进军加州的餐饮业。此时，他可是抱着稳赚不赔的想法的，可谁曾想大部分淘金者空手而归，穷得连饭钱都掏不起。这种大背景下，梅西的小餐馆也只好关张。

离开加州，梅西回到了阔别已久的家乡。在这里，他又向银行贷款，做起了布匹生意。似乎上帝故意要和他开玩笑，这次他依然以失败而告终。

无奈之下，梅西又去了英格兰。终于在英格兰梅西的事业得到了转机，做布匹生意的他这一次从开张的第一天起就在盈利。如今，位于纽约曼哈顿的梅西公司，早已成为世界上规模最大的百货公司之一。

梅西用无数次失败换来了最后的胜利。通过他的事例我们也可以看出，在失败和挫折面前，只有先忍耐下来，并把它作为缓冲，然后积极面对，坚守信念，那么成功才会终有一日向我们款款走来。

失败是一种教训，更是一种财富。然而现实中，包括你我在内，我们常常害怕失败。不妨想一想，在做某些决定，或者做某些事情的时候，你是不是表现得谨小慎微、犹豫不决？是不是担心失败，害怕失败？

可要知道，你越是担心失败、害怕失败，失败就越青睐你。这是为什么呢？从心理学的角度，害怕失败，是一种输不起心理。这种心理会让你失去平常心，变得患得患失，更重要的是，会让你放不开手脚。

所以，我们需要培养输得起心态，正确看待失败，把它看作是成功需要付出的代价。同时，遭遇失败后，我们应该总结教训，鼓起勇气，重新站起来。这一点，我们需要想自然界的狼学习，狼的本性正好对"输得起才能赢得起"做出了很好的诠释。

自然界中，虽然狼群是最有效率的猎捕者，但是它们捕食的成功率也仅仅只有10%左右。也就是说，在狼群每10次的猎捕行动中，仅仅只有一次的成功机会。而这一次的成功，却关系到了整个狼群的生存问题。

尽管成功的概率非常小，但是狼群并不会表现出倦怠和绝望。一次失败的狩猎行动，只能磨炼狼群的技能和增加对成功的渴望；对于所犯的错误，狼绝对不会视为失败；狼群自然地把人类视为失败的经历转化为生存的智慧。狼善于利用它们生命中不成功的事件，9次毫无结果的狩猎，并不会让它们沮丧、失去斗志，甚至放弃下一次的尝试。

在一次次失败之后，狼群会很快地整装待发，投入到下一个新的任务中去。它们坚信，每次的失败，都可以从中获得不一样的经验和教训，随着时间的磨炼，最终会得到新的狩猎技巧，成功最终会降临在它们身上。

失败并不是最可怕的，最可怕的是找不到或不去找失败的原因。每次失败后，狼群都会想办法找出问题、解决问题，然后充满信心地投入到下一次"狩猎"中去。正是因为如此，它们才能

成为森林里的强者。

在我们的人生中，成功只是未来的一种发展趋势，而失败却是其中必不可少的部分。那些聪明的人之所以成为最终的赢家，是因为他们在失败面前毫不气馁，而是重新奋起，最终积蓄到了一定程度便到达成功的顶点。

既然如此，我们为什么不向他们学习呢？

犯错怕什么，失败是成功之母

你犯过错吗？错误，到底代表什么？

很多人害怕犯错，因为他们觉得，犯错是一种自身不成熟的表现，是失败的象征。可聪明人却不是如此，他们不怕犯错，反而还敢于犯错。

科学家爱因斯坦曾被普林斯顿高级研究所聘用，管理人员问他需要什么用具。爱因斯坦回答："1张桌子或台子，1把椅子和一些纸张、钢笔就行了。对了，我还要1个大废纸篓，这个是必备的。"

"大废纸篓？做什么？"管理人员好奇地问。

爱因斯坦轻轻一笑，回答道："好让我把所有的错误都扔进去。"

看到了吧！聪明人能够轻松自如地对待错误，因为在他们

198

的理解中，错误不是一种无知或无能，而是一种宝贵的经验。只有犯错了，人们才知道自己的缺点在哪里，不足是什么；只有犯错，人们才能吸取教训，不断地积累经验，以免下次再犯类似的错误。

成功，更多的是不断试错。因为犯错是进步的前提，失败是成功的妈妈。我们只有不断地犯错、试错、改错，才能不断提升自己并获得最后的成功。

一个20多岁的年轻人意气风发，自主创业举办了一个成年人教育班。他花了很多钱做广告宣传，房租、日常用品等办公开销也很大。但一段时间后，他发现数月的辛苦劳动竟然连一分钱都没有赚到。

年轻人很苦恼地向家人借钱处理了一些善后事情，便整天待在家里不再外出。因为他害怕别人用同情、怀疑，抑或是幸灾乐祸的眼神看自己，整日闷闷不乐，神情恍惚，无法将事业继续下去。

这种状态持续了很长一段时间后，直到他的一位老师来看望他。"这是好事啊，证明你以前的方法不得法，你需要的只是改变方法，重新开始！"老师的一句话犹如晴天霹雳，让年轻人的苦恼顿时消失，精神也振作起来。他开始走出家门，并致力于人性研究。

经过一段时间的努力，年轻人开创并发展出了一套集独特的演讲、推销、为人处世、智能开发于一体的成人教育方式，并且大获成功。他就是美国著名的卡耐基大师，被誉为"成人教育之父""20世纪最伟大的成功学大师"。

俗话说"人非圣贤，孰能无过。"无论你是小人物还是大人物，不管你是失败的还是成功的，总难免会犯各种各样的错误。

真正聪明的人，不怕面对犯错和失败。犯错和失败后，不逃避和认输，而是认真地反思自己，这才是正确对待犯错和失败的态度。像卡耐基一样的人，内心必定强大，总结经验教训之后，也必定会走向成功。

真正聪明的人，不会为自己的错误和失败找借口，更不会想办法掩饰自己的错误。因为他们知道，一味地隐藏错误或为错误开脱，只会制约前进的步伐，降低行为的质量，减慢成功的速度，甚至最终走向失败。

可生活中很多人却习惯找借口为自己的错误开脱，犯了错就说"我不是故意的……""这不是我的责任，都怪……"年轻人大刚便是如此。

大刚是一家电器实体营销的经理，他想转行搞家居网络销售，他的秘书劝他说："现在家居网络销售行业已经人满为患，许多实力雄厚的公司都觉得生存艰难，我们没有经验，贸然投入，不见得是好事。"大刚拍拍胸膛说："没经验怕什么？我刚从事这行时也没经验，还不是做下来了？"他执意转行。

一年后，因为缺乏竞争力，公司亏损累累，一些优秀员工眼见公司没有前途，就连按时发工资都有困难，纷纷跳槽到别的公司。这时，秘书又建议大刚说："整个网络服务行业都不景气，如果从现在起就退回到我们熟悉的电器行业，我们还有反败为胜的机会。"大刚已经意识到自己的决策失误，但他却不愿承认，坚持说："不景气是暂时的，过段时间一定会好转的。"

即便秘书再怎么劝说和分析，即便公司的财务状况已经很糟糕，大刚也不愿意听从秘书的正确意见，因为他担心被公司员工们笑话，便继续坚持原来的决策。结果，由于网络上家居行业竞争日趋激烈，大刚所在公司一天卖不了几件家具，一年后，公司负债累累，他只好宣布公司倒闭。

可怕的不是犯错，而是明知道自己错了却一意孤行地不认错，甚至任性地让自己一错再错。大刚犯了错，不承认、不承担，首先选择推卸责任和逃避；犯了错，不改错，不吸取教训，反而一意孤行，最后只能自食恶果。如果他能知错改错，正视它、承认它，并且及时弥补错误，那么结果就不会是这样！

这就犹如讳疾忌医，人若是生病了，逃避是毫无意义的，不承认自己有病，并不表示你真的就没有病。总是逃避，只会导致病情更加严重，直至无药可救。所以，我们应该从大刚的故事中吸取教训。

在人生的道路上，我们不要害怕犯错，要勇于犯错，通过不断试错和调整，不断提升和完善自己。但是敢于犯错并不代表着可以肆意犯错，明知道自己犯错却一意孤行。犯错时别找借口开脱，及时从中吸取教训，才能让错误变成宝贵财富。

扒一扒人生中那些深不见底的陷阱大坑

拿破仑·波拿巴曾说："我可以战胜无数的敌人，却无法战胜自己的心。"没错，很多人为了成功付出了很多努力，战胜了很多对手和困难，可最后却输在自己身上。他们因为对自己认识不清，因为不能控制自己的欲望，因为不能吸取教训，一次次掉入深不见底的陷阱里。

所以，一个人想要真正成功，就应该认识自己、正视自己，熟稔于长短，长而发扬、短而收敛。只有吸取教训，看清楚人生中那些深不见底的陷阱，我们才能走向最后的胜利。

马云，这个名字可谓是响彻中国大地，被不少年轻人喜欢，许多对于互联网只有一知半解的父辈也得知了马云是中国乃至亚洲最富有的几个人。但是，没有谁是生来就成功的，也没有谁是一帆风顺的。马云之所以能获得今天的成功，是因为他能够及时认识自己、调整自己，然后吸取经验教训，避开了一个又一个的失败陷阱。

很多人在成功的道路上都会犯的一个错误，那就是太把钱当钱。或许有人说，想要成为亿万富翁，不就是要向钱看吗？不看重钱，如何能赚到钱呢？其实，想要赚钱无可厚非，但把钱看得太重，一切向钱看，唯钱是从，那么就会让成功离你越来越远，甚至会让你陷入险境之中。

　　这个道理，马云非常懂得，所以尽管当时创业不易、赚钱不易，尽管当时他处于最艰难的时刻，他却没有把钱看得太重。他说："真正想赚钱的人，必须把钱看轻，如果脑子里老是钱的话，一定不可能赚钱。"

　　当时马云还没有接触互联网，还在杭州电子工业学院教外语，兼职开了一家传统的专业翻译社。刚开始的时候，翻译社的经营非常困难，一个月只能收入200多元人民币，而房租一个月就要700元人民币之多。一年过去了，不仅没赚到钱，反而还亏损了不少。为了让翻译社能够坚持办下去，马云开始四处想办法赚钱，他前往义乌、广州等地方进货，再转手卖到杭州，因为本钱不多，所以主要是卖一些小礼品，包装鲜花之类。马云就这样，凭着自己的努力让翻译社坚持了3年。到了第三年，翻译社终于收支平衡了。

　　虽然翻译社没有成功，马云没有赚到什么钱。但是由于他不唯钱是从，所以在这个过程中，他学到了很多经商的经验，结交了很多人脉。这之后，马云在当地有了不小的名气，并且很快就找到了一份工资还不错的工作——到一家和美国商人合作承包建设项目的公司做翻译，到美国去收账。正是因为如此，他才有机会接触互联网，为之后的创业提供了契机。

　　对于钱这件事情，马云没有犯糊涂，在创业初期是如此，在之后的经商过程中也是如此。因为他懂得把钱看得太重就会产生贪欲，就会与公司员工、合作伙伴离心离德，所以他一直警醒自己，不让自己陷入这个陷阱之中。

　　事实上，很多年轻的创业者容易犯这样的错误，创业

初期没有盈利，或者盈利较少，为了赚钱便开始缩减开支、偷工减料，甚至使用不正当手段，结果，失去信誉、离心离德，一败涂地。

除了不把钱看得太重，马云还敢想敢做，只要看到商机就会第一时间行动。他知道，想要成功，仅仅依靠中庸之道是不行的，若是你没有做"出头鸟"的勇气，那么就只能被他人超越，被成功抛弃。

马云到了美国之后，遭遇了非常不好的事情，所以他决定尽快回国。回国之前，他去西雅图看望了一个朋友，在朋友家，马云第一次接触到了互联网。第一次接触互联网的马云，怀着忐忑的心情让朋友在搜索引擎上输入"啤酒"，结果搜索引擎马上就提供了很多美国和德国的啤酒商家，这让马云觉得互联网很神奇。他觉得互联网实在太神奇而来，若是自己能把互联网引入中国，那么一定大有作为。

于是，马云回国之后，立即辞去了教师的职务，借了2000美元本金，开办了"中国黄页"网络公司。互联网当时在中国还是个新鲜玩意，虽然有很多人已经开始使用互联网了，但更多的是利用互联网娱乐，利用互联网进行商业推广，是人们想都不敢想的事情。

经过一年多的经营，"中国黄页"走上正轨，开始盈利，并且与杭州电信建立了合作关系。可好景不长，马云与杭州电信产生了分歧，于是放弃了"中国黄页"，开始为中国外经贸部中国电子商务中心开发网站。在这个过程中，马云产生了做B2B网站的想法。

当时，国外的易趣、Ebay等网站已经很成熟，且拥有了庞大的客户群和影响力。马云觉得在中国建立一个这样的网站，肯定也能获得成功。想到就做到，马云再次做出大胆尝试，和自己的妻子、同事、朋友、学生等18人一起筹资，建立了阿里巴巴。

很快，阿里巴巴得到了两次融资，发展非常迅猛。一年后，马云作为阿里巴巴创始人登上了《福布斯》全球版，成了封面人物。2003年马云把目光瞄准了B2C，建立淘宝网。短时间内，淘宝网成为中国乃至世界最大的在线购物平台之一。

任何人在成功的道路上，都会遇到无数陷阱，这些陷阱或是假装成机会，或是在当时是更加有利的选择，或是看起来微不足道。但是一旦人们不能正确认识自己，不能理性地分析和判断，就会掉入陷阱之中，让自己的努力付之东流。

所以，我们应该战胜自己、吸取教训，如此才能稳步迈向成功。

成功也许无法复制，但失败可以避免

我们不能否认，在追求财富的过程中，所有人都渴望成功，不希望失败。所以，很多人便想着复制别人的成功，走别人成功的道路。可是，他们真的能复制别人的成功吗？

或许他们可以做到，但是这成功肯定是短暂的。也许有人会

说，世界上这么多成功的人，他们的成功经验都是经过验证的，我为什么不能复制他们的成功？不错，你可以借鉴别人的成功经验，但是你却无法复制别人的成功。

幸福没有一定的定势，成功也没有统一的道路。别人的成功是靠自己摸索来，成功经验也是靠总结自己失败经验而来。更何况，别人的成功是在某个特定时期、某种特定环境下而形成的，并不一定适合你所在的时期和环境。如果你一味套用别人的成功经验，那么只能让自己走向失败。

与其复制别人的成功，不如大胆地尝试，积极地总结失败的经验。如此一来，你才能一步步走向成功，并且总结出自己的成功经验。看看那些成功者，他们绝不是简单复制别人成功的人，而是不惧怕失败，并且敢于承担失败的人。在一次次尝试和失败中，他们不气馁、不逃避，积极总结经验，努力避开陷阱，最终开辟出属于自己的成功之路。

松下电器的总经理山下俊彦在谈到失败时，曾这样说："要使每个人在松下工作感到有意义，就必须让每个人都有艰难感。如果仅仅工作不出差错，平平安安无所事事，那就毫无意义。艰难的工作容易失败，但让人感到充实。我认为即使工作失败了，也不算白交学费。因为失败可以激发人们再去奋斗。"

一般人都不太知道，山下在1948年到1954年六年间，曾经脱离松下公司到一个小灯泡厂工作。当时山下的顶头上司谷村博藏(其后当上了松下副经理，山下的同乡)，也是脱离松下单干的，山下就是跟谷村去的。山下自己回忆说："我当时是糊里糊涂进松下公司的。所以没有多考虑就辞掉了松下的工作。""我是个怯弱的老实人，是极平常的职员。"

然而谷村的公司没干上两三年就垮了，谷村回到松下。山下没回去，转到另外一个灯泡厂。对于怯弱的人来讲，离开一个地方，是不情愿的。山下回顾说："那里你的生活是充实的。当时真想在那里干一辈子。"假如是这样，今天松下就没有山下经理了。在山下脱离松下的第六年，谷村希望山下回到松下与菲利浦联合企业。当时该公司正在开发电子设备产品，急需中层管理人才。

山下确实是个老实人，他几次回绝谷村的招聘。不过，他最终没能按自己的意志坚持下去，他被谷村说服了，重新回到了松下。

从此，山下变了，他从一个老实脆弱的人，变成一个不屈不挠的人，这是经受挫折与痛苦之后磨炼出来的。

谷村当时在与菲利浦公司联营的松下电子厂。山下被拉去后，曾当过电子管理部长、零件厂厂长。他把菲利浦公司的经营管理方法学到手，其后又出任西部电气常务。过了四年，他上任冷冻机事业部长。这中间他吃过许多苦，他后来回忆说："西部电器、冷冻机事业部时代的经验，对我来讲实在珍贵。当时，几次陷入困境，硬着头皮埋头苦干，总算自己感到扬眉吐气了。那正是我三四十岁阶段，做了超越自己能力的工作。"

对于当时所受的困苦，山下认为是锻炼，他说，不要担心失败，这不算白交学费，困难并不是坏事，是对希望的挑战。

山下俊彦经历了几次失败，但是他觉得正是因为这几次失败的经验，让自己得到了磨炼；正是因为自己总结了这几次失败的经验，所以才有了之后的成功。对于一个成功的人来说，任何一次失败都是珍贵的经历，不仅因为他可以让自己成长，更是因为他们在失败中超越了自己。

渴望成功，但是不要把失败当作耻辱，不要惧怕失败，更不要为了失败妄图复制别人的成功。如果一个人不能正确地看待失败，那么无论付出多么大的代价恐怕也无法避免失败。

聪明的人从来不惧怕失败，因为他们知道，与成功相比失败虽然会给我们当头一棒，让我们尝到痛苦的滋味，但是更多的是，它能让我们重新认识自己，让我们知道眼前的路是行不通的。他们知道，只要自己能总结经验教训，就能跨越失败，战胜失败，只要自己不断寻找新的道路，那么就一定能获得成功。

马云曾经说过："一个人成功的原因可能有千万条，但所犯的错误却只有那么几个，想要成功，与其去学习别人成功的经验，倒不如去学习别人为何犯错。"没错，与其总想着复制别人成功经验，不如大胆地走属于自己的道路，总结自己的失败经验。

只要你能爬起来，敢于不断地尝试，那么成功的概率就会大大地提升。

失败的几点共性，你要心知肚明

没人愿意失败，但是失败总是突然降临到我们头上，让我们无法逃避。面对失败，我们唯一能做的就是，微笑着面对，然后总结经验，寻找再一次赢的机会。

然而，现实生活中，很多人不能正确地对待失败，或是情绪失控，或是消极逃避，或是满心不甘，或是寻找借口……而这些都是输不起的表现。我们知道，成功不可能永远降临同一个人，失败在所难免。输不可怕，最可怕的是输不起，因为输不起的人永远也赢不了。

在一次乒乓球比赛中，两名运动员快速挪动脚步，挥舞着球拍。很快，一名运动员输了，只见他愤怒地一声大喊，把球拍扔向了对手，砸中了对手的身体。而对手淡定地帮他捡起球拍，没有说什么。

在一次游泳比赛中，我国选手孙杨获得了冠军，一名国外选手获得了亚军。可是在颁奖时，这名亚军选手竟然拒绝领奖，甚至还怂恿季军选手也拒绝领奖，但遭到了季军选手的拒绝。孙杨骄傲地站在了领奖台，季军选手则说："这是我努力拼搏来的奖牌，为什么我不去领！"

在一次举动比赛上，人们为了胜利者高声地欢呼，可是现场却有三个运动员大声地痛哭，其中一位运动员是因为受

伤了没有完成比赛而懊恼不已。还有一位是因为失误输了比赛，不甘心地泪流满面。

而另一位选手是这场比赛的银牌获得者。在接受媒体采访的时候，他脸上充满了不甘和抱怨，不停地向人们解释："这完全是一次失误，根本就不是我最好的成绩，如果不是因为我的手臂出现抽筋，结果不可能是这样的。"就这样，他不停地解释，最后满眼含泪竟说不出一句话来。

类似的事例还有很多很多，即便那些曾经的赢家也不能例外。来看看这些新闻：某学生以优异的成绩考入重点大学，可天外有天人外有人，女生在大学中并不出类拔萃。于是，在一次考试失利后选择跳楼自杀；某著名的青年企业家，因为投资失败，在办公室自缢；曾经叱咤中国资本市场的某外企执行官，因为事业失败而从高楼一跃而下……

人们常说，幸福的家庭各有各的幸福，而不幸的家庭各有各的不幸。其实，人生的道理都是相似的，成功者的成功之路各不相同，但是失败者却总是有一些共性，那就是输不起。

不管是竞技场、生意场，还是人生，有比赛，就有输和赢，就有成功和失败。赢了、成功了，我们自然应该高兴。但是输了、失败了，即便懊恼、不甘都无法改变事实。输不起，只会让你付出更大的代价，永远与赢和成功无缘。那几位运动员和那几位曾经的赢家的事例，难道还不值得我们警醒吗？

一位哲人说："所谓幸福的人，是只记得自己一生中满足之处的人；而所谓不幸的人，是只记得与此相反的内容的人。"我们应该以豁达的心态对待输赢和成败，不应该让自己在输输赢赢的名利场中迷失了本心。

　　我们应该学习那些聪明的人，正确地看待输赢和成败，勇敢地承担失败的打击和压力，并且把失败看作是成功的新开始。

　　很多人知道玉溪香烟，可是很少知道褚时健的名字。他曾经是"亚洲烟王"，是中国最成功的企业家；他也是如今的"中国橙王"，创造了一个充满传奇的创业故事。或许你认为他的人生总是伴随着成功，那么你就大错特错了。

　　他的一生经历了太多的起起伏伏，从一个普通的农民，到最成功的企业家，之后却在最辉煌的时候陨落神坛，身陷囹圄，导致倾家荡产。然而失败并没有打垮他，痛苦并没有让他沉沦，他依然从泥淖中站了起来，实现了又一次崛起。

　　1979年是褚时健与玉溪烟厂结缘的那一年，51岁的褚时健被派到了玉溪烟厂做厂长。那时候的玉溪烟厂效益很差，几乎濒临破产，可谁也没想到，就是这么一个苟延残喘的厂子，交到褚时健手里之后，竟发生了天翻地覆的变化，最终甚至成长为价值上百亿的烟草企业，褚时健也随之踏上了人生的第一次巅峰。

　　那个时候的褚时健绝对是全中国最响当当的人物之一，政府和媒体赋予了他无数的光环——"劳动模范""烟草大王""十大改革风云人物"等等，不胜枚举。

　　然而，就在褚时健人生最辉煌的时候，一封举报信却给予了他致命的打击，让这个昔日的"烟王"顿时陨落神坛，身陷囹圄。更为悲惨的是，这一突如其来的变故让褚时健的女儿在绝望中自杀了，这无疑是对褚时健的又一次重大

打击。

出狱之时，褚时健已经年逾七旬，身体也大不如前，除了严重的糖尿病和心肌梗死之外，这个昔日的"烟王"已经一无所有。而令所有人感到震惊的是，就是这样一个经历了人生最惨痛打击的老人，在七十多岁、一无所有的高龄，却再一次砸锅卖铁，东拼西借，决意展开人生的第二次创业。

十年之后，"褚橙"横空出世，成为了中国响当当的"名牌橙子"。昔日的"亚洲烟王"已经被无数人所遗忘，但褚时健的名字却又一次以"橙王"之冠强势席卷全中国，缔造了又一个充满传奇色彩的创业故事。

是什么造就了褚时健的辉煌？当然，就是那种输得起的豁达和不服输的精神。在他眼中，失败并不是自己人生的结局，而是成功道路上的一个个小插曲罢了。所以，在失败时，他微笑地面对，然后一次次失败中重新站起来。

所以，我们应该记住，输不起是失败的共性。调整自己的心态，正确看待输赢和成败，如此你才有卷土重来的勇气，最后获得真正的成功。

不敢挑战失败，只能被失败掩埋

伟大的发明家爱迪生说："每个人或多或少都经历过失败，因而失败是一件十分正常的事情。你想要取得成功，就必得以失败为阶梯。换言之，成功包含着失败。"

其实，这个世界上没有真正的失败，如果你不怕失败，敢挑战失败，那么那些所谓的失败只不过成功道路上的挫折罢了；可如果你因为失败而妥协、放弃，不再继续尝试，那么它就是真正的失败。

不敢挑战失败，只能被失败掩埋；不敢挑战失败，只能被自己淘汰。普通人与聪明人的区别就在于，普通人只看到过去，而聪明人能看到未来；普通人对失败念念不忘，心中少了挑战失败的勇气，少了继续向前走的魄力。而聪明人或许会为失败伤心难过，但他们绝不会让自己沉浸于此。他们在难过和伤心之后依旧爬起来，面对曾经失败的自己，并且努力战胜那个失败的自己。

迈克·帕伍艾鲁，在大学二年级时选定了跳远运动，在选这个人生目标的时候，他的最好成绩也不过是7.47米，这个成绩在当时不过是一般水平。在这以后的11年间，帕伍艾鲁一直努力训练，他所盯住的目标是当时的全美冠军，但冠军是不容易到手的，因为当时的冠军是卡尔·刘易斯，这位跳远老将已在冠军的领奖台上蝉联了65次，可想而知，想超越他绝非易事。

一次全美冠军赛上，帕伍艾鲁准备爆发积聚多年的能量，决心要战胜刘易斯，成为冠军，但非常遗憾的是帕伍艾鲁又没成功，他和刘易斯的差别仅仅是1厘米。

怎么办，面对这位65次都没人能超越的强硬对手和又一次的重重打击，他已筋疲力尽，加之这次重创，此时的他如果想的仍是那个冠军，在旁人看来似乎可以说是有些自不量

力了。

　　但帕伍艾鲁并不认输，不怕失败，因为这就是他为之奋斗的目标，他很自信，相信失败并不是永远的，自己一定能做到，能成功。以此为信念，他更加刻苦地训练，准备顽强地突破这个纪录。

　　在东京国立竞技场里，刘易斯和帕伍艾鲁将在这里再次展开较量，这场世界田径赛的跳远比赛的角逐将在这里展开。

　　此时的世界纪录是8.90米，但刘易斯却在第四回合时以超原来纪录1厘米的好成绩再次突破记录，赢得全场的掌声雷动，欢呼雀跃。

　　刘易斯此时也倍觉自信十足，冠军的宝座又是自己的了，可刘易斯高兴得太早了，帕伍艾鲁在第五回合的试跳中，一举跳过了8.95米的好成绩，终于击破了刘易斯不败的神话，同时也打破了曾存在了23年没人击破的世界纪录，帕伍艾鲁终于在失败的磨炼下和勇于挑战的精神支持下成功了。

　　帕伍艾鲁知道，如果自己无法面对和战胜过去那个失败的自己，那么就永远也无法战胜自己的强大对手刘易斯，就永远也无法走向成功。所以他不断给予自己信心，不断让自己刻苦训练，当再次面对刘易斯的时候他全力以赴，最后终于战胜了他，也战胜了曾经的自己。

　　俗语说：逃避不一定躲得过，面对不一定最难过。很多事情，我们必须学会勇敢地面对，否则还会容易被过去的失败绊倒。这个世界上没有什么不可战胜，即使是喜马拉雅山，也有人可以站在山顶征服它。

我们需要面对失败的自己，面对曾经的失败，这样一来，我们内心的恐惧才能逐渐消失，内心的消极、念念不忘才能摆脱。当我们跨越了失败、战胜了失败，失败才不会是你人生中的定局，成功才能随之而来。

可是，一旦我们屈服了，放弃了，不再努力，不再相信自己，那么失败就只能是你人生的定局。

李哲是一个有理想有抱负的年轻人，大学毕业后决心创出一番属于自己的天地，成为与那些超级富翁比肩的人。在经过苦心的寻找和细心的考量之后，他找到一个不错的商机，于是便找亲戚朋友、父母、同学借了一笔钱，开始自己的创业。

可是，由于经验的问题和思路上的偏差，李哲的创业失败了，不但没有赚到钱，反而将本钱也赔得一干二净。面对失败，他陷入痛苦、自责之中，终日苦恼，不肯让自己从过去失败的痛苦解脱出来，也不敢再向前迈进一步。他总是对自己说："我这么努力，却还是失败了。恐怕这辈子也无法成功了！""我辜负了父亲朋友的期望，还欠了一屁股债，他们肯定会看不起我！""我这辈子完了，是个彻底的失败者！"

久而久之，当初那个意气风发的李哲已经不再，只剩下每天哀怨失败、沉迷在失败中的失意之人。朋友和父母都劝他重新振作起来，一次创业失败有什么大不了的，吸取经验

教训，说不定下次就成功了。

　　可是李哲听不进去任何人的话，依旧沉浸在失败中，不敢再次挑战。最后他找了一个普通的工作浑浑噩噩地过日子，时不时还念叨着自己的失败。

　　李哲是被失败打败的吗？不，他是被自己打败的。因为他不能面对失败，所以始终让自己沉浸在失败的阴霾中；因为他不敢挑战失败，所以成为一个彻底的失败者，只能浑浑噩噩地过完一生。

　　一个人不管经历什么都不应该停滞不前，成功了，总想着过去的成绩，就会被别人超越。相反，失败了，总想着抓着失败不放，就会被失败掩埋。失败，只是成功道路上小挫折，更是人生道路上的小插曲，没有什么大不了的。

　　不要被过去那个失败的自己困住，大胆地超越自己，勇敢地挑战失败，成功自然就会向你招手。